工学生のための
基礎生態学

町村　尚　　惣田　訓
露崎史朗　　西田修三
大場　真　　岸本　亨
齊藤　修　　吉田謙太郎
林希一郎　　Philip Gibbons
松井孝典

理工図書

まえがき

　環境工学系学生を対象に，専門選択科目である「基礎生態学」を開講している。当学科では，3年次2学期になると卒論を除く卒業要件も満足して履修単位も少なくなり，この学期の受講は教養的興味からであろうと考えていた。ある年，授業評価としてではなく，生態学の小領域・単元に対する興味と理解に関するアンケートを実施した。驚いたことに，少なからぬ学生が生態学について，将来職業的に関わる可能性があり，専門知識として重要であると回答していた。現実の産業社会ではまだまだ生態学専門家の活躍場面は限られている中，どのような職業人としての将来像を持っているのか興味を引かれるとともに，頼もしくも感じた。

　一方で，受験科目に発展的な生物学を課さない工学系学部は多く，工学系学生の生物学の知識は高等学校レベルと考えてよい。平均的な自然認識として，例えば10粒のアサガオを播くと3粒は発芽し，それが自然であると言うだろう。工学部の専門科目としては，生物工学，緑地工学，河川・沿岸工学，都市計画学などの中に，それぞれ特有の生態学を含む専門領域がある。未熟な工学系学生の自然認識を矯正しつつ，職業的に必要な専門科目に引き継ぐ専門教養の教科書として，本書を企画した。

　生態学の学問的地平は限りなく広く，また個々の研究者の専門領域は非常に狭い。本書は広領域の概論でも一領域の深掘りでもなく，ある視点から選択した学問領域に横串を通すように話題を構成した。その視点とは，持続可能社会の要件である「自然共生」である。このため，本書の著者として生態学の狭領域のスペシャリストではなく，工学を中心に，広く自然と人間社会の実質的問題に取り組む研究者を選んだ。本書の前半では，およそ高等学校の学習指導要領に現れるような基礎学理を概説している。ただし工学系学生の興味と理解を助けるため，数理的表現なども取り入れた。後半は「生態系サービス」をキーワードとして，自然と人間社会の関係と課題を提示し，工学だけでないさまざまな課題解決へのアプローチを示している。限られた紙数で，それぞれの課題を掘り下げることはできない。本書を手掛かりに，自発的，発展的に学習をし，理解を深めてほしい。

　小生の研究室は，「地球循環共生工学」という看板を掲げている。持続可能社会への転換に重要な4つのキーワードが含まれる一方で，それでは具体的な研究課題は何かと問われることも多い。試行錯誤の中で教育研究の方向性を模索してきたが，その過程で生態学が重要な学理として浮上した。本書は，その学習指針を示すものでもある。初代教授として研究室の命名をされた故山口克人大阪大学名誉教授は，環境倫理や哲学にも造詣が深く，また工学研究科のカリキュラムに生態学（当初の科目名は「共生システム評価計画学」であった）をいち早く導入された。本書の出版には，天上でお喜びいただけただろうか。

2017年3月

町村　尚

目　次

まえがき i

第1章　生物と地球の共進化とバイオーム　　　　　　　　　　　1
1.1　生態系と生態学と工学 1
1.2　太陽系と地球の形成 1
1.3　生物と地球環境の共進化 2
　1.3.1　生物の進化 2
　1.3.2　地球環境の進化 3
　1.3.3　共進化 4
1.4　地球の気候とバイオーム 5
　1.4.1　地球の気候 5
　1.4.2　バイオーム 6

第2章　生物生産と食物連鎖　　　　　　　　　　　　　　　　　11
2.1　代謝 11
2.2　生物生産と回転 12
2.3　食物連鎖 13
2.4　エネルギー流と生産ピラミッド 15
2.5　栄養段階の意味 17

第3章　生態系物質循環　　　　　　　　　　　　　　　　　　　19
3.1　生物と元素 19
3.2　生物の物質代謝 20
　3.2.1　異化と同化 20
　3.2.2　発酵 21
　3.2.3　呼吸 21
3.3　炭素、窒素、リン、硫黄の循環 22
　3.3.1　炭素の循環 22
　3.3.2　窒素の循環 25
　3.3.3　リンの循環 27
　3.3.4　硫黄の循環 29

コラム　下水処理と温室効果ガス ………………………………………………………… 31

第4章　個体群と群集　33

4.1　個体群の動態 …………………………………………………………………… 33
4.2　個体群の数理モデル …………………………………………………………… 35
4.3　種間相互作用と群集の数理モデル …………………………………………… 36
4.3.1　競争系の数理モデル ……………………………………………………… 36
4.3.2　捕食系の数理モデル ……………………………………………………… 39

第5章　生態系のダイナミクス　43

5.1　撹乱と遷移 ……………………………………………………………………… 43
5.2　多様性に関する理論 …………………………………………………………… 46
5.3　直接効果と間接効果 …………………………………………………………… 47
5.4　氾濫原 …………………………………………………………………………… 49
5.5　ナースプラントと生態系復元 ………………………………………………… 50
5.6　スケール依存性 ………………………………………………………………… 51
5.7　おわりに ………………………………………………………………………… 51

第6章　河川流域と沿岸海域の生態系　55

6.1　水でつながる森・川・海の生態系 …………………………………………… 55
6.2　生育環境と生態系 ……………………………………………………………… 56
6.3　物質循環と水質汚濁機構 ……………………………………………………… 57
6.4　負荷削減施策と水環境再生 …………………………………………………… 59
6.5　水質・生態系モデル …………………………………………………………… 61
コラム　安定同位体比 ……………………………………………………………… 64

第7章　生態系情報学　65

7.1　はじめに ………………………………………………………………………… 65
7.2　生物や生態系データのライフサイクル ……………………………………… 65
7.2.1　データの生産（観測・測定） …………………………………………… 65
7.2.2　データの種類 ……………………………………………………………… 66
7.2.3　データの保存・管理 ……………………………………………………… 67
7.2.4　データの共有 ……………………………………………………………… 67
7.2.5　データの消費 ……………………………………………………………… 68

7.3 地理情報の解析方法 ………………………………………………… 68
　7.3.1 GISとは ……………………………………………………… 68
　7.3.2 地理情報の表し方 …………………………………………… 69
　7.3.3 地理情報の種類（ベクター、ラスター） ………………… 70
　7.3.4 データ源 ……………………………………………………… 71
　7.3.5 GISの基本操作 ……………………………………………… 71
　7.3.6 GISソフトの応用操作 ……………………………………… 73
7.4 データを元にした推定と予測 ……………………………………… 74
　7.4.1 統計解析 ……………………………………………………… 74
　7.4.2 空間情報解析 ………………………………………………… 75
　7.4.3 生態系シミュレーション …………………………………… 75
　7.4.4 生態系サービス ……………………………………………… 75
7.5 展望 …………………………………………………………………… 75

第8章　生態系と人間社会の軋轢　　77

8.1 生物多様性の危機 …………………………………………………… 77
　8.1.1 生物多様性とは ……………………………………………… 77
　8.1.2 生物多様性の危機 …………………………………………… 78
8.2 絶滅確率 ……………………………………………………………… 81
8.3 野生生物と人間の共存 ……………………………………………… 83
　8.3.1 野生生物と人間の軋轢 ……………………………………… 83
　8.3.2 野生生物と人間の共存 ……………………………………… 85

第9章　生態系と生物多様性のアセスメント　　89

9.1 環境アセスメント …………………………………………………… 89
9.2 生物多様性保全と環境アセスメント ……………………………… 90
9.3 生物多様性（動物・植物）の環境アセスメント ………………… 92
　9.3.1 動物・植物に関する計画段階配慮手続き ………………… 92
　9.3.2 動物・植物に関する方法書手続きの調査・予測・評価 … 93
　9.3.3 環境保全措置と事後調査 …………………………………… 94
9.4 生態系の環境アセスメント ………………………………………… 95
　9.4.1 生態系の捉え方 ……………………………………………… 95
　9.4.2 生態系の調査、予測および評価 …………………………… 96
　9.4.3 環境保全措置と事後調査 …………………………………… 97

	9.4.4	生態系の定量評価	97
9.5		生態系の保全と復元	99
コラム		自然再生事業（サロベツ高層湿原の復元）	102

第10章　気候変動と生態系　　103

10.1		気候変動	103
10.2		気候変動による生態系変化	104
	10.2.1	生物季節と生理的変化	104
	10.2.2	生息地移動	105
10.3		気候変動に脆弱な生態系	107
10.4		フィードバック効果	108
	10.4.1	陸域生態系の応答	108
	10.4.2	海洋生態系の応答	109

第11章　生物資源　　111

11.1		生物資源の特性	111
	11.1.1	枯渇性と再生可能性	111
	11.1.2	資源密度	112
11.2		バイオマスエネルギー	112
	11.2.1	資源と変換技術	112
	11.2.2	資源と変換技術の評価指標	114
	11.2.3	バイオマスエネルギーの課題	116
11.3		生物資源の持続的利用	116

第12章　生態系サービスの意義・現状・将来　　119

12.1		生態学と生態系サービス	119
12.2		我が国の生物多様性と生態系サービスの状況	120
	12.2.1	日本の里山・里海評価（JSSA）	120
	12.2.2	JBO（Japan Biodiversity Outlook：生物多様性総合評価）	121
12.3		社会資本と生態系サービス	121
12.4		自然資本と生態系サービスの持続可能な利用と管理に向けて	124

第13章　生態系サービスの経済評価　　127

13.1	生態系サービスと経済学	127

	13.1.1	経済価値と評価	127
	13.1.2	経済学的定義	128
	13.1.3	生態系サービスの総経済価値	128
13.2		経済評価の方法	129
	13.2.1	市場アプローチと非市場アプローチ	129
	13.2.2	市場アプローチ	130
13.3		非市場アプローチ	131
	13.3.1	顕示選好法	131
	13.3.2	表明選好法	133
	13.3.3	表明選好法による経済評価事例	134
13.4		経済評価の活用と課題	136

第14章　生物多様性オフセットとバンキング　　139

14.1		生物多様性オフセットとは	139
14.2		生物多様性オフセット・バンキングの仕組み	140
	14.2.1	生物多様性オフセットの歴史	140
	14.2.2	米国の制度と事例	140
14.3		豪州の制度と事例	142
	14.3.1	背景	142
	14.3.2	豪州における生物多様性オフセットの原則	142
	14.3.3	生物多様性評価法	143
	14.3.4	生物多様性オフセット政策の成果	143
	14.3.5	豪州の生物多様性オフセットの事例	144
14.3		生物多様性オフセット・バンキングの評価手法	144
14.4		日本の取組み	145
14.5		おわりに	145

第15章　人類生態学　　149

15.1		人口	149
15.2		ヒトの栄養段階	150
	15.2.1	ヒトの食性と栄養段階	150
	15.2.2	占有純一次生産	151
15.3		エコロジカル・フットプリント	153
	15.3.1	エコロジカル・フットプリントの定義と計算法	153

- **15.3.2** エコロジカル・フットプリントの変化と日本の課題 …………………… 154
- **15.4** 産業エコロジー ………………………………………………………………… 155
- **15.5** 自然共生社会へのビジョン …………………………………………………… 156
  - **15.5.1** 自然共生社会とは …………………………………………………… 156
  - **15.5.2** 生物多様性民間参画 ………………………………………………… 157

第1章　生物と地球の共進化とバイオーム

1.1　生態系と生態学と工学

　生態系（ecosystem）とは，生物群集と非生物的環境の複合体であると定義される。生物群集とは，同じ空間に生息するさまざまな種の生物個体の集合である。非生物的環境とは，生物と関係する物理的環境（温度，湿度，光，圧力，水，地盤など）と化学的環境（元素，化合物など）である。重要な点は，これらの要素の間に相互作用があり，系の状態が動的に変化することである。生物間の相互作用には，繁殖，競争，捕食，共生などがある。また生息域決定，物質供給，撹乱などの環境から生物への作用がある一方で，土壌形成，物質蓄積，気候形成など生物から物理化学的環境への作用もある。生態系は，生物と環境の多様な要素が有機的に結合した非常に複雑なシステム（系）である。

　生態学（ecology）は，文字通り生態系の科学である。中等教育のなかの生態学は生物の単元であり，生物学の一分野でもあることは間違いないが，一学問領域の範疇に納まらず学術的知見・方法と他の領域との関連性に大きな広がりを持っている。環境と生物の相互作用を考えると，自然地理学や地球科学にも生態学的課題が存在する。農林水産業の生産と資源管理には生態学的知見が必須であり，また野生生物の遺伝子資源は工業的にも利用される。人間の住環境に人工的に生態系機能を取り入れたり，防災に役立てたりもする。生態系に芸術的な動機や精神的な充足を求め，また哲学的・宗教的な思索と実践にも人間と生態系を対置させたりする。このように多様な学術的課題に柔軟に対応する必要があり，生態学の学習と研究には決まったセオリーはないとも言える。

　本書の読者が専攻する工学は，「ものづくり」の科学である。「もの」は人工物だが，機械や消費財に限らない。「ひと以外の全て」と考えてもよい。例えば交通システムは構造物（道路）と機械（自動車）の他に，統御システム（信号，規則，監視など）があってはじめて機能する。システムづくりは，工学の重要な範疇である。また現代社会の最重要課題のひとつに，持続可能社会への転換がある。肥大した人間活動はもはや持続不可能であり，これを持続可能に転換するためには，抜本的な社会システムの再構築が必要である。そこでは，人間社会への資源供給と環境形成に重要な役割を持つ生態系を，社会システムと統合した設計が必要となろう。工学生が未来の持続可能システムの設計と実現に貢献するため，「もうひとつ」のシステムである生態系について学習し，社会システムとのつながりを理解することは重要である。

1.2　太陽系と地球の形成

　生態学の対象は試験管から全球まで，1時間から1億年まで，非常に広い時空間スケールを含む。

はじめにもっとも大きな時空間スケールで，生態系の成り立ちを理解しよう。

　地球を含む太陽系は，約46億年前に誕生した。太陽は星間物質の雲のなかに形成した原始星が主系列星に成長したもので，それを取り巻くガス円盤のなかで惑星が形成した。惑星はガス円盤内の物質が重力により凝縮衝突合体した微惑星がさらに成長し，同じ公転軌道上に他に大きな天体がなくなるまで成長したものである。太陽系には存在が確認された惑星が8個あり，地球は太陽から3番目の惑星である。

　太陽系を構成する元素は，太陽系形成以前に存在した天体の超新星爆発によって合成されたもので，恒星内部の核融合では合成されない鉄より重い元素を含み，地球もさまざまな元素で構成される。地球を含む太陽に近い4個の惑星（内惑星）は主として岩石で出来ており，氷で出来ている太陽から遠い惑星（外惑星）とは元素組成が異なる。地球の元素質量比は鉄，酸素，ケイ素，マグネシウムの順に多く，4元素で約90％を占める。

　地球が微惑星から惑星に成長する過程では，激しい天体の衝突により表面温度が岩石の融点を超え，地球全体が融解した岩石で覆われるマグマオーシャン（magma ocean）の状態となった。マグマオーシャンが深くなるとそのなかで比重による元素の分級が起こり，マグマオーシャンが地球中心に達すると，鉄などの重金属は中心に集まった。天体の衝突が終息して地球が冷えてくると，中心に重金属で出来た核（core），外側にケイ酸塩で出来たマントル（mantle），表面に軽いケイ酸塩の薄い固体層である地殻（crust）という三層構造が完成した。核は内核と外核に分かれ，内核は固体，外核は流体である。ジャイアントインパクト説によると，地球形成の終盤に発生した惑星大の天体の衝突により，地球の衛星である月が形成したと考えられる。この衝突によって，現在の地球の自転が1日に決まり，また月が存在することで地軸が安定したとされる。

　外惑星の大気の主成分である軽い水素やヘリウムは，太陽に近く重力が小さい地球の大気にはほとんど含まれない。原始地球の大気は融解した岩石から脱ガスした二酸化炭素と水がほとんどで，他に少量の窒素を含み，酸素はなかった。この組成は，現在の火山ガスと類似である。地球表面の冷却に伴って，大気から凝結した水が地殻に溜まって海が形成された。原始の海水は強酸性であったが，地殻中の陽イオンと反応して中和された。酸性度が低下した海水には大気から二酸化炭素が溶解し，海水中のカルシウムなど陽イオンと結合して炭酸塩鉱物を生成して海底に堆積した。このように海の形成によって大気二酸化炭素が除去され，地球大気は窒素を主成分とするようになった。

1.3　生物と地球環境の共進化

1.3.1　生物の進化

　生物と無生物を区別するなら，生物は細胞を基本構造とし，代謝を行い，生殖を行うことである。細胞は膜で外界と区分され，内部には生命活動を担う小器官と遺伝子を持つ。代謝とは，生命活動を行うための化学反応とそれに伴う細胞内外の物質移動である。生殖は，複製による新しい個体の再生産である。生物の原料であるアミノ酸，核酸，糖，脂質などの有機物は，地球環境のなかで無機物か

ら無生物的に合成され得る。しかし有機物と生物の間には大きなギャップがあり，どのようにして自己複製能力を持つ分子が無生物から合成され，生物となったかはわかっていない。

　もっとも古い生物の痕跡は，約38億年前の地層で発見された。最初の生物にして全ての生物の祖先は，マグマで熱せられた水が噴出する深海の熱水噴出孔で，熱水に含まれる硫黄などを嫌気的に代謝するバクテリア（bacteria）であったと考えられる。現在の熱水噴出孔でも，同様のバクテリアが発見されている。この単純な生物種が，長い時間をかけて高等生物を含む膨大な生物種に進化した。遺伝的類似性に基づく最近の系統分類によると，はじめに真正細菌（バクテリア）から古細菌（アーキア；archaea）が分化し，次に古細菌から真核生物（eukaryotes）が分化したと考えられる。これを3ドメイン説という。真核生物のなかでは，単細胞の原生生物から多細胞の動物，植物，菌類へ分化した。

　進化（evolution）とは生物集団の形質の経時的累積的変化で，遺伝子の変異と適応度による選択の結果として表れる。このため，生息環境の変化や異なる環境への拡散は，生物の進化を促進する。地質時代の地球環境は大きく変動し，そのときどきの生物相に影響を与えつつ，生物の進化を促した。

1.3.2　地球環境の進化

　大きな環境変化をもたらした固体地球の現象として，約27億年前のプレートテクトニクス（plate tectonics）の開始がある。マントル対流は当初，上部マントルおよび下部マントル内部の小規模対流であったが，このころに上下境界を超える大規模なマントル対流（スーパープルーム；super plumes）が開始した。図1-1に示すように，マントル対流は地殻を乗せたマントル表層（プレート；plate）の移動を伴い，これが駆動力となって大陸移動が起きる。上昇するホットスーパープルームが大陸プレートに到達する場所では，地溝を形成して大陸を分裂させる移動が起きる。ホットスーパープルームが海洋プレートに到達する場所では，海嶺を形成して新しい海洋プレートが生産され，海洋を広げる移動が起きる。また海洋プレートが大陸プレートとぶつかる場所では，海洋プレートがマントルのなかに沈み込み，マントル中ではこれを起点として下降するコールドスーパープルームが発生する。大陸プレートは，コールドスーパープルームに引きずられて集合するように移動する。冷たいスーパー

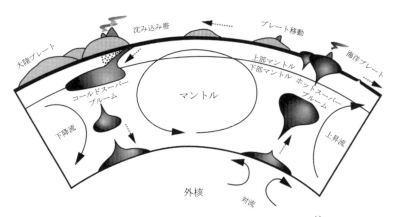

図1-1　プレートテクトニクスのメカニズム[1]

プルームがマントル底すなわち外核表面に達すると外核表面に温度差が生じ，外核が組織的な対流をはじめた。金属である外核の対流によって，地球に地磁気が発生するようになった。

1.3.3 共進化

始生代の生物進化で重要な現象は，約35億年前の光合成の開始であり，光を利用する独立栄養生物が出現した。その後27億年前ころから，酸素発生型光合成細菌であるシアノバクテリア（cyanobacteria）が爆発的に増殖した。この時代は地磁気の発生開始と一致しており，地磁気によって宇宙線（宇宙から飛来する荷電粒子で生物に有害）が遮断され，太陽光を利用しやすい浅海に生物が進出したと考えられる。また光合成により発生した酸素は海水中の鉄イオンと結合し，酸化鉄堆積物（縞状鉄鉱層）を生成した。約19億年前には海水中の鉄イオンが枯渇して縞状鉄鉱層の生成が終了し，余剰酸素により海水酸素濃度が上昇した。さらに海水の酸素が飽和すると，大気酸素濃度も上昇した。

酸素は生物に有毒であり，原生代以前の生物は酸素耐性を持たなかったが，海水の酸素濃度上昇により，好気環境に適応する生物進化が促された。酸素呼吸を行う好気性細菌が現れ，また約20億年前には酸素呼吸を行う真核生物が現れた。細胞内共生説によると，真核生物は古細菌に好気性細菌とシアノバクテリアが細胞内共生して進化したもので，好気性細菌はミトコンドリア，シアノバクテリアは葉緑体となった。酸素呼吸によって獲得エネルギーが飛躍的に増加し，真核生物はやがて多細胞生物に，さらに大型の動植物へ進化し，古生代の爆発的生物進化へつながる。

大気酸素濃度の上昇に伴い，成層圏オゾン（stratospheric ozone）が生成されるようになった。成層圏オゾンは生物に有害な短波長紫外線を吸収するため，地上における有害紫外線が減少したことにより，生物が水中から離れて陸上で生活出来るようになった。化石からは，植物の上陸は約5億万年前，動物の上陸は約4億年前と考えられる。

化石記録から復元した地質時代の生物の種類は，顕生代から現代まで増加傾向にあり，進化は生物の多様化をもたらしている。しかし比較的短期間に多くの生物が姿を消した時代がある。これを大量絶滅（mass extinction）といい，顕生代に5回記録されている。大量絶滅の原因は地球規模の大きな環境変化であるが，その原因は多様であり，不明なものもある。顕生代以前には強い温暖期と寒冷期の変動が繰り返され，約23億年前と約7億年前には全球が雪氷で覆われる極端な氷期（スノーボールアース；snowball earth）が存在し，当時の生物相に大きな影響を与えたと考えられるが，化石資料が少なく詳細はわかっていない。顕生代最大の大量絶滅は，古生代ペルム紀末の2億5000万年前に発生した。当時存在したパンゲア超大陸の下から上昇したスーパープルームにより活発な火成活動が続き，同時期に海洋の無酸素化が発生して90％以上の生物種が絶滅した。最後の大量絶滅は，中生代白亜紀末の6500万年前に発生した。原因は巨大隕石の落下が有力な説で，大気中に巻き上げられた塵や煤による数年にわたる日射遮蔽，寒冷化，酸性雨が起き，恐竜類やアンモナイト類が絶滅した。大量絶滅を境として，前後では生物相が大きく変化する。白亜紀末の陸上での食物連鎖頂点種は大型の肉食恐竜であり，哺乳類は小型夜行性動物がほとんどであった。大量絶滅を生き延びた哺乳類は形態的，

表1−1 生物と地球環境の共進化年表

億年前	地球環境		生物
	固体地球、海洋	大気	
46	地球の形成	二酸化炭素大気	
40	海の形成 石灰岩	窒素大気	
38			最初の生物
35			最初の光合成細菌
27	プルームテクトニクス 地磁気発生 縞状鉄鉱層	酸素濃度上昇開始	シアノバクテリア大繁殖
23	スノーボールアース		大量絶滅？
20		酸素濃度上昇	最初の真核生物
7	スノーボールアース		大量絶滅？
5.5		酸素濃度急上昇	爆発的進化
5		成層圏オゾン濃度上昇	生物上陸
2.5	激しい火成活動 海洋無酸素化		ペルム紀大量絶滅
0.65	巨大隕石落下		白亜紀大量絶滅
0	活発な人間活動		第6の大量絶滅

生態的に急速に多様化し，大型種や頂点種も現れた。

　地球環境の変化と生物進化を，表1−1にまとめる。両者は相互に影響を与え合って進行し，現在の地球環境と生物相を形成した。生物だけでなく，地質時代における固体地球や大気の不可逆的変化も一種の「進化」であり，地球環境と生物は共進化を続けていると言える。なお，現代は顕生代第6の大量絶滅と言われている。その原因は，肥大した人間活動である。

1.4 地球の気候とバイオーム

1.4.1 地球の気候

　現在の地球の気候を平均すると，年平均気温が約15℃，年降水量が約850mmである。しかし地理的には気候の大きな差異があり，年平均気温は−30〜30℃，年降水量は0〜20000mm超まで，分布範囲は非常に広い。地理的な気候分布を決定する要因として，緯度，大気と海洋の循環，大陸と大地形などがある。

　地表が受ける太陽放射は緯度により異なるため，低緯度は高温，高緯度は低温となる。高緯度の大気は低温で水蒸気量が少ないため，一般に緯度とともに降水量は少なくなるが，大気大循環による気圧帯も降水量分布に影響する。一年を通して常在する風系と気圧帯を，図1−2に示す。主要な風系として，赤道を挟む低緯度の東風（貿易風）と中緯度の西風（偏西風），高緯度の東風（極偏東風）がある。南北の貿易風が収束する赤道収束帯および偏西風と極偏東風が収束する亜寒帯低圧帯では上

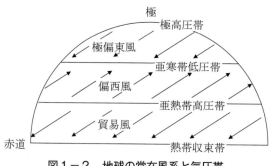
図1−2 地球の常在風系と気圧帯

昇気流が卓越するため雲が出来やすく，降水量が多い．一方，貿易風と偏西風の境界の亜熱帯高圧帯では，風が発散して下降気流が卓越するため雲が出来にくく，降水量は少ない．

　大陸と海洋の温度差によって駆動されて季節により風向が変化する風系を，モンスーン（季節風）という．その原理は高温表面上の上昇気流と低温表面上の下降気流からなる循環であり，地盤と海水の比熱の差によって大陸表面は海洋より季節による寒暖差が大きいことによる．ユーラシア大陸の東部はアジアモンスーンの勢力が強く，夏季は海洋から大陸に向かい，冬季は大陸から海洋に向かう風が卓越する．モンスーンの影響下では，雨季と乾季が明瞭となる．大陸にそびえる大山脈は大気大循環にも影響し，山脈の両側では気候が大きく異なる．アジア中央部のヒマラヤ山脈の南側はモンスーンの影響を受けて夏季は湿潤であるが，北側には乾燥した草原と砂漠が広がる．

　大気大循環と連動して，太平洋などの大洋を巡る表層海流が常在する．流向は北半球で時計回り，南半球で反時計回りとなる．また大洋の西側では赤道から高緯度に向かう暖流，東側では逆の寒流となる．南北方向の海流は大量の熱を輸送する．このため，大陸の東海岸は温暖に，西海岸は寒冷になりやすい．ただし北大西洋の強い暖流であるメキシコ湾流はヨーロッパ沿岸まで到達するため，ヨーロッパは高緯度のわりに温暖である．

1.4.2　バイオーム

　全球スケールの地理的生物相分布を，バイオーム（生物群系；biome）という．表1−2に示すように，バイオームは植生の名称を持ち，優占する植物の生活形（life form）で分類される．生活形とは，植物種の形態により分類した生活様式である．陸域バイオームは，森林，草原，荒原に大別され，森林は木本植物が，草原は草本植物が優占する．荒原は，植物がまばらにしか生息しない．

　バイオームの特徴を比較するため，優占植物種の特徴と多様性，群落の高さ，密度，階層構造に着目する．熱帯と亜熱帯の多雨林は常緑広葉樹の高木が優占し，樹高は40〜50mに達し，また密度が高い．高木層，亜高木層，低木層の階層構造が発達し，熱帯多雨林では高木層の上にさらに突出した超高木が見られる．高木は板根や気根を持ち，またつる植物や着生植物が特徴的である．樹木層の密度が高く林床まで光が届かないため，草本層は少ない．種の多様性はきわめて高い．乾季がある亜熱帯では，乾季に落葉する雨緑樹林が成立する．樹高と密度は多雨林より低く，林床に草本層を持つ．種

1.4 地球の気候とバイオーム

表1－2 陸域のバイオーム[2]

相観	バイオーム	気候	優占種の生活形
森林	熱帯多雨林	多雨の熱帯	常緑広葉高木，超高木，つる植物，着生植物
	亜熱帯林	多雨の亜熱帯	常緑広葉高木，つる植物
	雨緑樹林	乾季のある熱帯・亜熱帯	乾季に落葉する広葉高木
	硬葉樹林	乾燥する暖温帯	常緑広葉高木・低木
	照葉樹林	多雨の暖温帯	常緑広葉樹（照葉樹）
	夏緑樹林	多雨の冷温帯	冬季に落葉する広葉高木
	針葉樹林	亜寒帯	常緑・落葉針葉高木
草原	サバンナ	乾燥する熱帯・亜熱帯	草本とまばらな高木・低木
	ステップ	乾燥する温帯	イネ科草本
荒原	砂漠	乾燥の激しい熱帯～温帯	多肉植物，低木，一年生草本
	ツンドラ	寒帯	低木，亜低木，地衣類，蘚苔類

の多様性も低くなる。温帯の森林では、広葉高木が優占するが、比較的高温の暖温帯では常緑樹，低温の冷温帯では落葉樹で構成される。樹高は20～30m，密度は中程度で，高木，低木，草本層の階層構造がある。種の多様性は高い。夏季に乾燥する温帯では，厚い葉を持つ常緑樹が優占する硬葉樹林となる。密度はやや低い。亜寒帯では，常緑または落葉針葉樹の高木が優占する。樹高は20 m以下で，密度は低く，階層は高木層と草本層のみである。種の多様性は低い。

乾燥する熱帯では草本植物とまばらな樹木から成る草原であるサバンナ，乾燥する温帯ではイネ科草本植物から成る草原であるステップが立地する。低温により高木や草本植物が生育しないツンドラでは，地衣類や蘚苔類が優占し，群落高と密度は非常に低い。極度に乾燥する砂漠では，乾燥に強い多肉植物や低木が優占し，密度はきわめて低い。

以上のようにバイオームの立地は気候，特に気温と降水量によって決まる。図1－3に世界の陸域バイオーム分布を，図1－4に年平均気温，年降水量とバイオームの立地を示す。森林のバイオームは，高温多雨の側に立地する。高木が生育出来なくなる限界線を，森林限界（forest line）という。気温による森林限界（亜寒帯林とツンドラの境界）は，年平均気温－10～－5℃の間である。降水量による森林限界（森林と草原の境界）は温度帯によって異なり，熱帯では年降水量1500mm程度，亜寒帯では年降水量500mm程度である。これは気温が高いと蒸発量が多いため，高木の生育には低温環境より多くの降水が必要となるためである。高山にも森林限界が存在するが，気温に加えて強風や積雪によって高木の生育が制限される。

海洋にもバイオームがあり，やはり植物の生活形で分類すると，浅海で海藻が優占する藻場，植物プランクトンが優占する外洋，サンゴに共生する藻類が優占するサンゴ礁に分かれる。また温度傾度に沿って熱帯，温帯，寒帯，氷海，陸地からの距離によって潮間帯，沿岸，内湾，大陸棚，外洋，特殊な海域として湧昇海域，深海などに分けることもある。

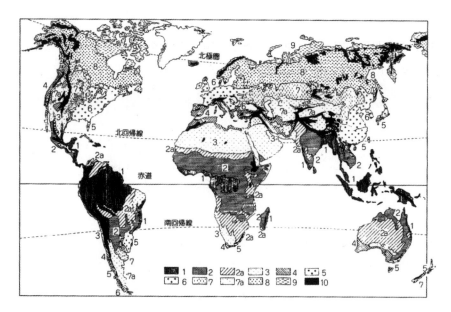

1：熱帯多雨林，2：熱帯，亜熱帯の夏緑樹林，2a：熱帯，亜熱帯のサバンナ，低森林など，3：熱帯，亜熱帯の砂漠・半砂漠，4：冬雨地帯の常緑硬葉樹林，5：暖温帯照葉樹林，6：冷温帯の夏緑広葉樹林，7：温帯草原（ステップ，プレーリー，パンパ），7a：寒冷な冬を持つ砂漠・半砂漠（チベットを含む），8：北半球の北方針葉樹林（タイガ），9：ツンドラ，10：アルプスなどの高山植生

図1－3　世界の群系[2]

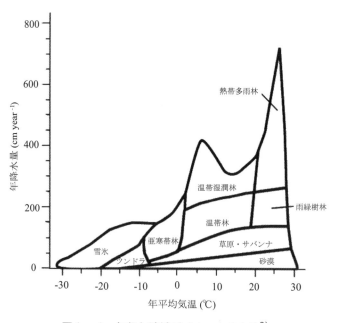

図1－4　気候と陸域バイオームの立地[3]

引用文献

1) Ishida, M., Maruyama, S., Suetsugu, D., Matsuzaka, S. & Eguchi, T. : Earth, Planets and Space. Vol. 51, No5, i－v, 1999.
2) 林一六：植物地理学，大明堂，1990.
3) Chapin, F. S., Matson, P. A. & Vitousek, P. M. : Principles of Terrestrial Ecosystem Ecology., Springer, New York, 2011.

参考文献

1) 丸山茂徳・磯崎行雄：生命と地球の歴史，岩波新書，1998.
2) Walter, H. : Die Vegetation der Erde in öko-phzsiologischer Betrachtung, Vol.1, Fischer Verlag, 1968.

第2章　生物生産と食物連鎖

2.1　代謝

　生物を無生物と区別する条件のひとつである代謝（metabolism）とは，外界から摂取した化学物質を基質とし，生命維持のために生物が行う一連の化学反応である。代謝は互いに逆反応である同化と異化から成り，同化とは単純な化学物質から生体が利用する複雑な化学物質を合成する過程であり，異化は複雑な化学物質を単純な化学物質に分解することでエネルギーを得る過程である。

　光合成（炭酸同化；photosynthesis）は，光エネルギーを利用して無機物（二酸化炭素と水）から有機物（グルコース）を生産する過程である。緑色植物（陸上植物，植物プランクトン，藻類など）が行う植物型光合成の化学反応式を総括すると，次式となる。

$$6CO_2 + 12H_2O + 48h\nu \rightarrow C_6H_{12}O_6（グルコース）+ 6O_2 + 6H_2O \quad\cdots\cdots (2.1)$$

　$h\nu$は光子である。生産されたグルコースからは二次代謝によってさまざまな有機物が生合成され，細胞，器官の成長と生体活動に使用される。

　呼吸（respiration）は光合成によって生産した，あるいは食物として摂取した有機物を分解し，化学エネルギーをアデノシン三リン酸（ATP）に蓄積する過程である。必要に応じて，ATPはアデノシン二リン酸（ADP）に分解され，放出されたエネルギーは，物質合成，能動輸送，運動など，さまざまな生命活動に用いられる。呼吸には好気（酸素）呼吸と嫌気呼吸があり，動物，植物などミトコンドリアを持つ真核生物は好気呼吸，一部の微生物は嫌気呼吸を行う。好気呼吸の化学式は次式で，植物型光合成の逆反応である。

$$C_6H_{12}O_6 + 6O_2 + 6H_2O \rightarrow 6CO_2 + 12H_2O + 38ATP \quad\cdots\cdots (2.2)$$

　生産される38ATPのうち，グルコースの酸化分解によって生産されるものは4ATPのみである。しかし酸素を最終電子受容体として，この段階で発生した還元力を処理する過程で残りの34ATPが生産されるため，好気呼吸は非常にエネルギー変換効率が高い。一方嫌気呼吸は酸素のかわりにさまざまな物質（硝酸塩，硫酸塩，炭酸塩，鉄など）を最終電子受容体に利用するが，この過程でのATP生産は好気呼吸よりも少なく，嫌気呼吸のエネルギー変換効率は低い。嫌気呼吸による生成物として，硝酸塩呼吸は窒素を，硫酸塩呼吸は硫化水素を，炭酸塩呼吸はメタンを発生し，これらは生態系物質循

環に深くかかわっている。

　緑色植物の光合成は細胞内に葉緑体を持つ葉などの器官で行われるが，呼吸は全ての器官で行われる。一個体の植物では，光合成と呼吸の差によって正味の有機物生産量，すなわち成長量が決まる。このため，呼吸を差し引く前の有機物生産を総光合成（gross photosynthesis），総光合成から呼吸を差し引いた差を純光合成（net photosynthesis）と区別する。

2.2　生物生産と回転

　物質的に見ると生物の成長とは，生物が必要な物質を環境中から吸収し，生体を構成する物質に変換・蓄積する現象である。このような物質的な生物成長を，生産（production）という。生態系にはさまざまな種が生息し，成長速度は種や個体によって異なる。個々の種や個体の成長ではなく，ある空間のなかで行われる生産の総計を見ることによって，生態系の物質的な挙動の全体像を把握することができる。ある時点における生態系の生物量を現存量（biomass）といい，生態系の単位面積当たり生物重量で表す。単位は$kgdw\ m^{-2}$などで，dwは生体の体重から水の重量を除いた乾燥重量（dry weight）である。生産は生態系全体の単位時間あたり現存量増加として表されるため，単位は$kgdw\ m^{-2}\ year^{-1}$などになる

　生態系のなかで，植物は光合成によって最初に有機物を合成して成長することから，植物の生産を一次生産（primary production）という。呼吸を差し引かない生態系全体の総光合成の合計を総一次生産（gross primary production ; GPP）といい，呼吸を差し引いた純光合成の合計を純一次生産（net primary production ; NPP）という。純一次生産は，生態系全体の物質的成長速度の指標である。

　バイオームごとの純一次生産と現存量の代表値を，表2−1に示す。陸域バイオームの純一次生産の特性は，気候によって決まる。森林の純一次生産は気温が高い熱帯で大きく，温帯，亜寒帯の順に小さくなる。草原は森林より乾燥した場所に成立し，少ない降水量によって成長が制限されるため，純一次生産は同じ温度帯の森林より小さい。寒冷なツンドラの純一次生産は，陸域バイオームのなかでもっとも小さい。海域の生態系では温度よりも栄養塩が植物プランクトン成長の制限因子となり，栄養塩が少ない外洋の純一次生産は非常に小さい。一方，陸域から河川水などで栄養塩が供給される沿岸，特に干潟やサンゴ礁の純一次生産は大きく，熱帯林に匹敵する場所もある。外洋でも地形と海流の影響で深層水が海面まで上昇する湧昇海域では，深層水に含まれる栄養塩の供給によって，純一次生産が高い海域がある。

　植物のなかで，樹木の寿命は数十年〜数百年と長く，毎年の純一次生産を蓄積して大きく成長する。このためバイオームのなかで，森林の現存量は大きい。草本植物の寿命は1年〜数年と短いため，現存量の蓄積は森林より小さい。植物プランクトンの寿命はさらに短いため，水域バイオームの現存量は非常に小さい。

　生物生産による生態系の物質循環の速さを回転速度（turnover rate）といい，純一次生産と現存量の比で表す。回転速度の逆数は，回転時間（turnover time）である。回転時間は植物の寿命と関係が

表2−1 バイオームの純一次生産，現存量，回転速度，回転時間の代表値[1]

バイオーム	純一次生産 kgdw m^{-2} year^{-1}	植物現存量 kgdw m^{-2}	回転速度 year^{-1}	回転時間 year
陸域				
熱帯多雨林	2.2	45	0.049	20
雨緑樹林	1.6	35	0.046	22
照葉樹林	1.3	35	0.037	27
夏緑樹林	1.2	30	0.04	25
北方針葉樹林	0.8	20	0.04	25
サバンナ	0.9	4	0.23	4.4
ステップ	0.6	1.6	0.38	2.7
ツンドラ	0.14	0.6	0.23	4.3
水域				
湖沼・河川	0.25	0.02	13	0.08
大陸棚	0.36	0.1	36	0.028
外洋	0.125	0.003	42	0.024

あり，長寿命の森林では回転時間が長く（回転速度が遅く），短寿命の草原では回転時間が短い（回転速度が速い）。厳密には，回転時間は生物個体の寿命（植物の場合は発芽から枯死まで）ではなく，生体に蓄積された物質の寿命である。森林の場合，落葉樹では毎年，常緑樹でも数年で葉が枯れ落ち，また細根も同様の周期で更新する。落葉は部分的枯死であり，また草食動物に食べられることでも，植物に蓄積された物質は減耗する。従って，生体の物質の寿命は生物学的寿命より短く，回転時間は森林で20〜30年，草原で数年となる。海域の生態系では，非常に回転時間が短い（回転速度が速い）。

2.3 食物連鎖

全ての生物は，成長と生命維持のためのエネルギーを外部から調達する必要がある。光合成を行う植物は，光エネルギーを吸収して有機物の化学エネルギーに変換・利用する。植物以外の生物は，生態系のなかの他の生物を捕食したり，寄生したり，または死体や排泄物を摂取することでエネルギーを調達するが，もとをたどれば植物が生産した有機物を二次利用していることになる。エネルギーの自立性によって分類すると，自身で必要な栄養を生産する植物は独立栄養（autotrophs）であり，外部から栄養を摂取する植物以外の生物は従属栄養（heterotrophs）である。

食物連鎖（food chain）は，生態系の生物種間の食物依存関係の全体構造である。図2−1に，食物連鎖の例を示す。それぞれの生物種は固有の食物選択をしており，これを食性という。食性を大別すると，植物のみを食物にする植食，動物のみを食物とする肉食，両方を食物とする雑食に分かれる。また種ごとに食物とする種は決まっており，食物の選択範囲が狭いものを専食，広いものを広食という。多くの種は複数の種を食物とする一方で複数の種から捕食されるため，食物依存関係は多対多関係であり，実際の生態系における食物連鎖は網の目のように広がっている。このような複雑な食物連鎖を，食物網（food web）という。

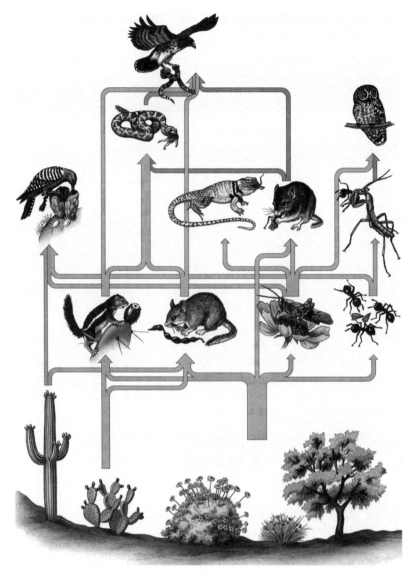

図2-1　アメリカ・ソノラ砂漠における単純化した食物網の例[2]

　食物連鎖を種間関係だけでなく，物質循環過程として見ることができる。これを，図2-2に示す。陸上の緑色植物や植物プランクトンは生態系の物質的資源を生産するので，食物連鎖における地位は生産者（producers）である。植物を食べる草食哺乳類や動物プランクトンは，生産者の有機物を最初に摂取利用するので，食物連鎖における地位は第一次消費者（primary consumers）である。肉食哺乳類や肉食魚類は第一次消費者を捕食することで間接的に生産者を摂取利用するので，食物連鎖における地位は第二次消費者（secondary consumers）である。これらの消費者を捕食するさらに大型の肉食動物は，第三次以上の高次消費者（higher consumers）である。このような，生きている生物の捕食による食物連鎖を，生食連鎖（grazing food chain）という。生食連鎖における地位の高さを栄養段階（trophic level）といい，生産者を最小値とする自然数で表す。すなわち，生産者の栄養段階

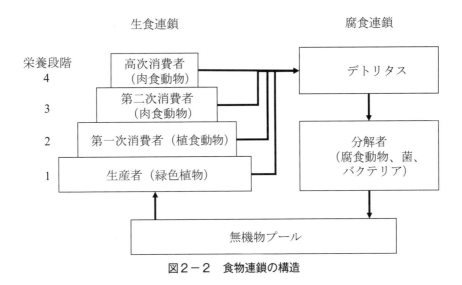

図2-2 食物連鎖の構造

は1，第一次消費者は2，第二次消費者は3，…のように表す。栄養段階の意味は，2.5節で考える。

落葉，動物の死体，排泄物，脱落した体毛，脱皮した外皮など，生体に属さない生物由来の有機物（死んだ有機物）を，デトリタス（detritus）という。生態系のなかには，死肉食や排泄物食の動物，菌類（キノコやカビ），細菌類など，デトリタスを摂取分解する生物群があり，その食物連鎖における地位は分解者（decomposers）である。このように死んだ有機物の摂取分解も食物連鎖の一部であり，これを腐食連鎖（detritus food chain）という。生食連鎖内部でも呼吸によって有機物の無機化が行われるが，生産者が生産した有機物が完全に無機化されるのは腐食連鎖を通してであり，生食連鎖と腐食連鎖が相補って生態系の物質循環が完結する。

2.4 エネルギー流と生産ピラミッド

食物連鎖を通した物質循環は，エネルギーの循環でもある。生食連鎖におけるエネルギー流を，図2-3に示す。この図は生態学者ハワード.T.オダム（Howard T. Odum）による生態系を熱力学で理解する先駆的研究で示され，各栄養段階が吸収・摂取するエネルギー，生体で利用可能な物質として同化されるエネルギー，成長により各栄養段階に蓄積される純生産のエネルギーの流れを表している（原図は腐食連鎖を含む）。ここで従属栄養である消費者の成長も，摂取・同化したエネルギーの変換による現存量増加であり，生産者の成長と同様に純生産と表現できる。栄養の独立性で区別するなら，生産者の一次生産に対し，消費者の成長を二次生産（secondary production）という。

まず栄養段階1の生産者，すなわち植物に流入するエネルギーは光エネルギーだが，その10〜30%は表面で反射し，残りが吸収される（I_1）。吸収された光エネルギーの大半は熱に変換されて光合成には利用されないため，入射した光エネルギーの1%程度のみが有機物の化学エネルギーとして同化される（A_1）。同化エネルギーの多くは呼吸よって異化され（R_1），その残りが純生産（純一次生産）として栄養段階の内部に蓄積される（P_1）。

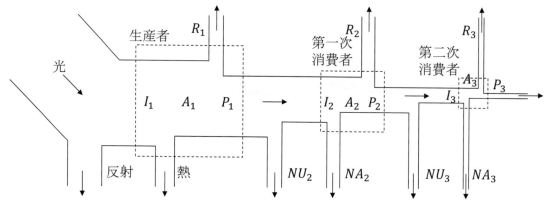

I: 摂取，A: 同化，P: 純生産，NU: 未利用，NA: 非同化，R: 呼吸
図2－3　生食連鎖を通じたエネルギーの流れ[3), 4)]

　次に栄養段階2の第一次消費者は，生産者を摂取することでエネルギーを得るが，生産者の純生産の全てを摂取することはできず，残りは未利用エネルギーとなる（NU_2）。摂取したエネルギー（I_2）のうち，消化吸収した部分は同化エネルギーとなるが（A_2），できない部分は排泄されて未同化エネルギーとなる（NA_2）。消費者でも同化エネルギーの多くは呼吸により異化され（R_2），その残りが純生産（二次生産）として蓄積される（P_2）。これより上位の栄養段階でも，同様に純生産が決定される。また，生食連鎖から腐食連鎖に流れる総エネルギーは，$\Sigma(NU_i + NA_i) + P_n$ である。ただし，$i = 2 \sim n$ は栄養段階である。

　以上のように，生産者が生産した有機物はさまざまな経路で無機化され，次の栄養段階の純生産に使用される比率は大きくない。ある栄養段階の純生産とその前の栄養段階の純生産の比を，変換効率（transter efficiency）という。変換効率は，バイオーム，生産者の型，消費者の食性などにより変化する。例えば樹木は草食動物に摂取されにくい木質の器官（幹や枝）の比率が高いため，森林の変換効率は草原よりも低い。植物プランクトンは摂取されやすいため，水域の変換効率は陸域より高い。セルロースなど植物性の食物が消化吸収される割合は低いため，植食者である第一次消費者の変換効率は肉食者である高次消費者より低い。高い運動能力を持つ脊椎動物は，無脊椎動物よりも呼吸が多いため変換効率が低く，そのなかでも体温維持にエネルギーを消費する恒温動物は，変温動物よりも変換効率が低くなる。

　変換効率は1より小さいため，上位の栄養段階の純生産（エネルギー）は，下位の栄養段階の純生産より必ず小さい。一般に変換効率は10％程度であり，栄養段階が1段階上がるごとに，純生産はおよそ10分の1になる。栄養段階と純生産の関係を図示すると図2－4のようにピラミッド型になり，生産者の純生産がもっとも大きく，消費者の次数が高くなるにつれて純生産は小さくなる。これを，生産ピラミッド（production pyramid）という。また対応して，栄養段階別の現存量も，一般にピラミッド型となる。

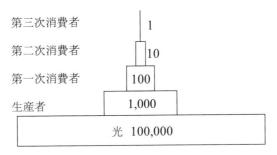

図2-4　純生産の相対値で表した生産ピラミッド

2.5　栄養段階の意味

　生態系の栄養段階の数を，食物連鎖の長さという。ほとんどの生態系で，食物連鎖の頂点種は大型の肉食動物であり，高次消費者である。それでは，最高でどれくらいの次数の高次消費者が存在するだろうか。生産ピラミッドの原理により，栄養段階が高くなると面積当たりの利用可能エネルギーが減少する。このため，高次消費者が生存に必要なエネルギーを調達するには，一個体あたり広大な行動圏が必要となる。しかし，食物の探索と摂取にもエネルギーが必要なため，行動圏の大きさには限界がある。また繁殖機会の面からも，大きすぎる行動圏は不利になる。このような理由で，食物連鎖の長さには限界があり，長くても3～5程度が上限となる。

　図2-1に示したように，実際の食物網のなかでは，消費者の栄養段階をひとつに決められない場合が多い。動物も植物も摂取する雑食性の動物は，第一次消費者でもあり，第二次消費者でもある。高次消費者も，さまざまな栄養段階の食物を摂取し，食物の構成は季節や生活史によっても変化する。栄養段階は概念的には自然数であるが，実際の種の栄養段階は，2.5のような正の実数を取り得る。また，さまざまな種の栄養段階から，生物群集の栄養段階の平均値を求めることもある。

　ヒトはさまざまな食物を摂取し，また現実としてヒトを捕食する高次消費者がいないので，ヒトは食物連鎖の頂点に君臨するという誤解がある。しかし実際にヒトの食物を調べると植物性食品の比率が高く，また水産物を除くと動物性食品の多くは第一次消費者（草食動物）である。平均するとヒトの栄養段階は2～2.4程度で，決して頂点種ではない。一方で，ヒトは自然生態系における環境容量（第4章参照）をこえた現存量（人口）に達しており，生産ピラミッドを歪めている。このような消費者の存在は，不安定である。消費し得る一次生産について自覚的かつ慎重でなければ，ヒト個体群の生存は危うい（第15章参照）。

引用文献

1) 黒岩澄雄：物質生産の生態学，東京大学出版，1990.
2) Simon, E. J., Reece, J. B., Dickey, J. L.（池内昌彦ら監訳）：エッセンシャルキャンベル生物学，丸善出版，2011.
3) Odum, H. T.: Ecological Monographs, Vol.27, 55–112, 1957.
4) 鈴木賢英：環境生物学への招待，文化書房博文社，1996.

第3章　生態系物質循環

　生態系における物質循環は，多様な生物の代謝によって維持されている。バイオマス生産や自然保護の分野においては，植物や動物など，生物を3分類するドメインのうちの真核生物に属するものが主な対象となるが，生態系の物質循環の分野においては，真正細菌と古細菌に属する生物が果たす役割が大きい。もちろん，真核生物の酵母やカビなどの菌類も重要である。これらは，肉眼では見えない小さな生物であるため，一般的には馴染みが薄いかもしれないが，生態系の物質循環におけるその代謝機能はきわめて多様で偉大である。

　生態系の物質循環を担う微生物は，触媒として利用されることも多く，バイオエタノールやバイオプラスチックなどの物質生産や，活性汚泥法や嫌気性消化法などの廃水・廃棄物処理プロセスに応用されている。化学触媒にくらべると，生物触媒は，多くの場合は常温でしか働かず，反応速度が緩やかであり，毒物によって阻害されやすい。一方，基質特異性や反応特異性が高いため，目的以外の反応や毒性を有する副産物は生じにくく，条件が整えば増殖するため，経済的で環境負荷の少ないプロセス構築につながる利点を有している。

　本章では，物質循環の基礎を解説するが，生態学の一分野としてだけではなく，化学工学や土木工学などのさまざまな分野とのつながりを想像しながら学んでほしい。

3.1　生物と元素

　生物の細胞の主成分は，水，糖質，タンパク質，脂質，核酸などであり，表3−1に示すようにさまざまな元素で構成されている。糖質と脂質は，主に炭素C，水素H，酸素Oで構成されており，タンパク質と核酸には窒素Nも多く含まれている。タンパク質（アミノ酸）には，さらに硫黄Sが含まれ，核酸にはリンPが含まれている。これらの6元素は，細胞を構成する代表的なものであり，CHONPS（チョンプス）と呼ばれている。例えば，水（H_2O）を除けば，細菌細胞の典型的な組成は$C_5H_7O_2N$であり，植物プランクトンは$C_{106}H_{263}O_{110}N_{16}P$である。この他にも，生命維持に欠かせないさまざまな必須元素がある。例えばヒトの必須元素は，12種類（H，C，N，O，Na，Mg，P，S，Cl，K，Ca，Fe）の主要元素と15種類の微量元素（B，F，Al，Si，V，Cr，Mn，Co，Ni，Cu，Zn，As，Se，Mo，I，Br）である。また，植物や細菌の必須元素と動物の必須元素は異なっている。主要元素は，自然界のどこにでも存在しているが，自己の体に同化させるための必要摂取量も多い。微量元素の多くは，酵素の活性中心などに利用され，ごく微量が必要とされているが，それが欠乏すると，代謝機

表3-1 生物の体を構成する元素とその役割

元素	役割と機能
炭素C	糖類，脂質，タンパク質など，細胞中の有機物の主構成成分
水素H	細胞水，有機物の構成成分
酸素O	細胞水，有機物の構成成分
窒素N	タンパク質，核酸，補酵素の構成成分
リンP	核酸，リン脂質，補酵素の構成成分
硫黄S	タンパク質の構成成分（システイン，メチオニン），補酵素の構成成分
カリウムK	細胞中の主要な陽イオン，一部の酵素の補酵素
マグネシウムMg	細胞中の主要な陽イオン，クロロフィルの構成成分
鉄Fe	シトクロム，ヘムおよび非ヘムタンパク質の構成成分
マンガンMn	一部の酵素の補酵素
カルシウムCa	細胞中の主要な陽イオン，骨の主成分
コバルトCo	ビタミンB12およびその補酵素誘導体の構成成分
銅Cu，亜鉛Zn，モリブデンMo	特殊な酵素の構成成分

能が損なわれてしまう。これらの元素は，生物の多様な代謝によって，エネルギー獲得や細胞維持に利用されており，生態系をダイナミックに循環している。一方，カドミウムなどの重金属の一部は，生物体の構成に不可欠な物質ではなく，低濃度でも強い毒性を示し，一度摂取してしまうと代謝・排出されにくく，生物濃縮を引き起こしてしまうものもある。

3.2 生物の物質代謝

3.2.1 異化と同化

　代謝とは，外界から摂取した化学物質を基質とし，生命維持のために生物が行う一連の化学反応であり，何らかの電子供与体の酸化と電子受容体の還元が対となる酸化還元反応である。生物を物質生産や環境浄化に利用する場合，対象となる物質が代謝反応の何に位置づけられるのか，十分に理解しておく必要がある。代謝は，異化と同化の2つに大きく区分される。摂取した化学物質（食物）を単純な化学物質に分解し，エネルギーを獲得する過程が異化である。異化反応の典型的なものは好気呼吸であり，有機物を分解し，そのエネルギーをアデノシン三リン酸（ATP）に蓄積するものである。必要に応じて，ATPはアデノシン二リン酸（ADP）に分解され，放出されたエネルギーは，物質合成，能動輸送，運動など，さまざまな生命活動に用いられる。1 molのATPがADPとリン酸に分解される際には約30kJのエネルギーが放出される。一方，単純な化学物質から複雑な化学物質を合成する過程が同化である。例えば，植物は光合成によって二酸化炭素と水からグルコースを合成し（炭酸同化），アンモニウム塩や硝酸塩からグルタミンを合成する（窒素同化）。光合成と好気呼吸に関しては，第2章で詳しく解説されており，本章では異化反応の発酵と嫌気呼吸について解説する。

3.2.2 発酵

　発酵とは，酵母や乳酸菌などの微生物が，嫌気条件下でエネルギーを得るために有機物を酸化し，アルコール，有機酸，二酸化炭素などを生成する過程である。微生物がグルコースを分解すると，ピルビン酸が生成される。ピルビン酸は，発酵型式に特有の反応を受け，ATPが合成される。

　エタノール発酵では，ピルビン酸から1分子の二酸化炭素が除去され，中間生成物のアセトアルデヒドが生じる。アセトアルデヒドは電子受容体となり，エタノールが生成される。反応を総括すると，電子供与体であるグルコース1 molから，2 molのエタノールと2 molのATPが獲得できる。

$$C_6H_{12}O_6 \rightarrow 2C_2H_5OH + 2CO_2 + 2ATP \qquad (3.1)$$

　好気呼吸にくらべると，発酵で獲得できるエネルギーは少ないが，その分，生成物にはエネルギーが残っており，人間はそれを有価物として利用している。例えば，酵母によるエタノール発酵は，ワインや日本酒づくりに伝統的に利用されている。エタノール発酵を行う典型的な微生物は，六単糖（グルコース）しか基質にできないが，遺伝子操作によってキシロースなどの五単糖を基質にしてエタノールを生産できる酵母や大腸菌も育種されている。この遺伝子操作微生物を利用し，多量の五炭糖を含む稲わらやバガスなどのリグノセルロース系バイオマスから，カーボンニュートラルな燃料利用を目的としたバイオエタノール生産も行われている。

　乳酸発酵では，ピルビン酸自身が電子受容体となり，1 molのグルコースから2 molの乳酸とやはり2 molのATPが獲得できる。

$$C_6H_{12}O_6 \rightarrow 2C_3H_6O_3 + 2ATP \qquad (3.2)$$

　乳酸菌は，ヨーグルトやキムチなどのさまざまな発酵食品の製造に伝統的に利用されている。さらに乳酸を高分子化したポリ乳酸は，生分解性プラスチックに加工でき，農業用マルチシートやハウス用フィルム，自動車の内装プラスチックなどに利用されている。

3.2.3 呼吸

　好気呼吸では，糖はピルビン酸に分解され，さらにピルビン酸はクエン酸回路，電子伝達系によって酸化分解され，最終電子受容体として酸素が用いられる。反応を総括すると1 molのグルコースから38 molものATPが獲得できる。

$$C_6H_{12}O_6 + 6O_2 + 6H_2O \rightarrow 6CO_2 + 12H_2O + 38ATP \qquad (3.3)$$

　なお，この反応は，電子供与体であるグルコースの酸化と，電子受容体である酸素の還元の半反応

式に分けて考えることができる。

$$1/24 C_6H_{12}O_6 + 1/4 H_2O = 1/4 CO_2 + H^+ + e^- \qquad 41.35 \text{ kJ/e}^- \quad \cdots\cdots\cdots (3.4)$$

$$1/4 O_2 + H^+ + e^- = 1/2 H_2O \qquad -78.72 \text{ kJ/e}^- \quad \cdots\cdots\cdots (3.5)$$

一方,微生物のなかには,最終電子受容体として酸素を用いない嫌気呼吸を行うものがいる。嫌気呼吸には,硝酸塩呼吸,硫酸塩呼吸,炭酸塩呼吸,鉄呼吸などがあり,さまざまな元素の循環と関連している。硝酸塩呼吸とは,硝酸塩(NO_3^-)を最終電子受容体として用い,最終的に窒素ガス(N_2)を放出するものであり,脱窒反応ともよばれ,多くの細菌が硝酸塩呼吸をすることができる。硫酸塩呼吸は,硫酸塩(SO_4^-)を還元し,硫化水素(H_2S)を放出する反応である。硫酸塩呼吸を行う生物は,硫酸還元細菌および硫酸還元古細菌に限られている。炭酸塩呼吸は,水素や酢酸などを電子供与体として,最終的に二酸化炭素をメタンに還元する反応であり,古細菌であるメタン菌がこの反応系を有している。これらの嫌気呼吸における最終電子受容体の半反応式の例は,下記のとおりである。

$$1/5 NO_3^- + 6/5 H^+ + e^- = 1/10 N_2 + 3/5 H_2O \qquad -72.20 \text{ kJ/e}^- \quad \cdots\cdots (3.6)$$

$$1/8 SO_4^{2-} + 19/16 H^+ + e^- = 1/16 H_2S + 1/16 HS^- + 1/2 H_2O \qquad 20.85 \text{ kJ/e}^- \quad \cdots (3.7)$$

$$1/8 CO_2 + H^+ + e^- = 1/8 CH_4 + 1/4 H_2O \qquad 23.53 \text{ kJ/e}^- \quad \cdots\cdots (3.8)$$

$$Fe^{3+} + e^- = Fe^{2+} \qquad -74.27 \text{ kJ/e}^- \quad \cdots\cdots (3.9)$$

半反応式の標準自由エネルギーの変化から,酸素を電子受容体とする好気呼吸式(3.5)とくらべると,嫌気呼吸で獲得できるエネルギーが少ないことがわかる。ただし,土壌や海洋底泥などの酸素が届かない環境では,図3-1に示すように,これらの嫌気呼吸をする微生物が,電子供与体である有機物を競合し,棲み分けをしながら,生態系の物質循環を担っている。なお,微生物の増殖に関するエネルギー収支は,電子供与体の反応式,電子受容体の反応式に加え,細胞増殖のための反応式を組み合わせることで表現することができる[1]。

3.3 炭素,窒素,リン,硫黄の循環

3.3.1 炭素の循環

(1) 炭素循環の基礎プロセス

炭素の循環における大きなプロセスは,第2章で述べられたように植物による光合成(一次同化)式(3.10),消費者による二次同化,生産者・消費者・分解者による呼吸式(3.3)である。これに加えて,炭酸カルシウムの形成式(3.11)によって,炭素は無機物として固定化(石灰化)される。この炭素循環の基本プロセスが濃縮された場所のひとつがサンゴ礁である。造礁サンゴは,サンゴ虫という動物と褐虫藻という植物の共生体であり,褐虫藻が光合成を行い,生産した有機物の一部をサ

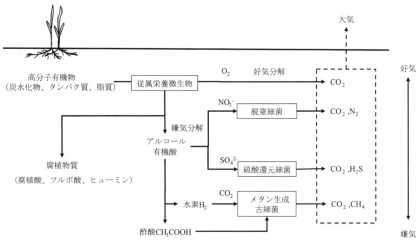

図3−1 微生物による有機物の分解プロセス

ンゴ虫に提供し，サンゴ虫は炭酸カルシウムを形成することで褐虫藻に棲み処を与えている。

$$6CO_2 + 12H_2O \rightarrow C_6H_{12}O_6 + 6O_2 + 6H_2O \quad\cdots\cdots (3.10)$$

$$Ca_2^+ + 2HCO_3^- \rightarrow CaCO_3 + CO_2 + H_2O \quad\cdots\cdots (3.11)$$

もちろん，褐虫藻もサンゴ虫も呼吸をしており，海水中の無機炭素は，分子状の炭酸（H_2CO_3），重炭酸塩（HCO_3^-），炭酸塩（CO_3^{2-}）として存在し，大気とガス交換されている。また，サンゴ礁は，その複雑な地形によって，多くの海洋生物の棲み処にもなっており，生物多様性のホットスポットでもあるため，生態学を学ぶ上で重要な場所である。

(2) 炭素固定

炭素固定には，光エネルギーを利用する光合成（第2章参照）と，無機化合物の酸化エネルギーを利用する化学合成がある。

光合成独立栄養生物には，身近な高等植物のほか，シアノバクテリアや光合成細菌が含まれる。植物と藻類は，炭素固定回路（カルビン回路）で二酸化炭素を固定しており，ルビスコという酵素がその触媒反応を担っている。植物型光合成は，水（H_2O）から酸素を発生させて，そこで得た還元力を利用してATPを合成している。一方，光合成細菌は，硫黄の循環と関連が深いものも多く，硫化水素（H_2S）から単体硫黄を発生させ，そこで得た還元力を利用してATPを生成し，二酸化炭素からグルコースを合成する。

$$6CO_2 + 12H_2S \rightarrow C_6H_{12}O_6 + 6H_2O + 12S \quad\cdots\cdots (3.12)$$

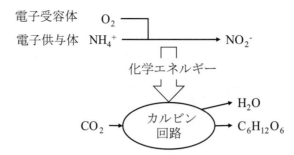

図3−2　化学合成独立栄養細菌による炭素同化の例（アンモニア酸化細菌）

表3−2　化学栄養独立栄養細菌の例

細菌	エネルギー獲得反応
アンモニア酸化細菌	$2NH_3 + 3O_2 \rightarrow 2HNO_2 + 2H_2O + 545〜662kJ$
亜硝酸酸化細菌	$2HNO_2 + O_2 \rightarrow 2HNO_3 + 151〜180kJ$
硫黄細菌	$2H_2S + O_2 \rightarrow 2H_2O + 2S + 277〜406kJ$
鉄細菌	$4FeCO_3 + O_2 + 6H_2O \rightarrow 4Fe(OH)_3 + 4CO_2 + 339kJ$
水素細菌	$2H_2 + O_2 \rightarrow 2H_2O + 473kJ$

　そのため，細菌の行う光合成では酸素は発生しない。光合成細菌には，紅色硫黄細菌や緑色硫黄細菌などがあり，紅色硫黄細菌はルビスコを利用して炭素固定を行っている。

　また，図3−2と表3−2に示すように，化学合成独立栄養細菌は，無機化合物の酸化エネルギーによってカルビン回路を動かし，炭素固定を行っている。アンモニア酸化細菌，亜硝酸酸化細菌，硫黄酸化細菌，鉄酸化細菌などは，好気性のグラム陰性細菌である。また，アナモックス（anaerobic ammonium oxidation）細菌や緑色硫黄細菌は嫌気環境において炭素固定をする。アンモニア酸化細菌，亜硝酸酸化細菌，アナモックス細菌は，窒素の循環を担う生物でもあり，下廃水からの窒素除去プロセスにおいて利用されている。

（3）有機物の好気分解・嫌気分解

　土壌や湖沼における有機物の分解過程は図3−1に示したとおりである。易分解性有機物は，畑や河川などの好気的な環境では，微生物によって二酸化炭素と水に分解される。有機物の好気分解は比較的速やかに生じ，特定の中間代謝物が蓄積することは，あまりない。

　一方，水田や湖沼底泥などの嫌気的な環境で分解されると，有機物中の炭素物は最終的にメタンと二酸化炭素になる。炭水化物，タンパク質，脂肪などの高分子化合物は加水分解によって単糖類，アミノ酸，脂質などに低分子化され，嫌気性微生物によって，さらに酪酸，プロピオン酸，酢酸などの有機酸に分解される。その後，メタン生成古細菌の作用で酢酸塩や二酸化炭素と水素からメタンが生成される。ただし，加水分解や酸生成を担う真正細菌とメタン生成を担う古細菌の連携が重要であり，メタン生成菌は環境条件の変化などに影響を受けやすいため，時としてプロピオン酸や酢酸が蓄積し，メタン生成が停滞することもある。

植物や動物遺体中の有機物は土壌中で好気・嫌気分解を受けるが，分解されずに残った有機物がさらなる化学的な作用を受けて，重合・縮合・再分解し，暗褐色の腐植物質が蓄積される。腐植物質は化学構造が特定されない難分解性の高分子有機物であり，アルカリおよび酸に対する溶解性に基づき，フミン酸（アルカリ可溶，酸不溶成分），フルボ酸（アルカリ可溶，酸可溶成分），ヒューミン（アルカリ不溶，酸不溶成分）に分類される。腐植物質が多い土壌は，保水性と排水性があり通気性もよく，保肥力も持つ多様な機能を持つ土壌となる。

（4）有機物分解の廃水・廃棄物プロセスへの応用

有機物の好気分解では，微生物は酸素を消費するので，生分解性有機物の総括指標として，BOD（生物化学的酸素要求量）が排水基準や環境基準に用いられている。下水処理場では，易分解性有機物であるBODの除去のために自然界の自浄作用（炭素の循環）を応用している。多くの国の下水処理場で普及している活性汚泥法は，下水のなかに酸素を吹き込み，微生物によるBODの除去を促進するものである。有機物は微生物に分解されることで二酸化炭素と汚泥（微生物細胞）に変換される。

一方，高濃度の有機性廃水・廃棄物の処理に用いられている嫌気性消化法は，有機物からメタンを発生させ，燃焼することで熱や電気エネルギーを回収することができ，ガスエンジンや燃料電池などの工学分野とも関連が深い。

また，日本では，生ごみなどの有機性廃棄物を焼却処分してから埋め立てることが大半であるが，欧米や東南アジアなどの多く国々では，直接埋立することが主流である。途上国の廃棄物処分場では，その管理が必ずしも十分ではなく，地表面から温室効果が高いメタンが放出され，雨期には腐植物質を含む暗褐色の浸出水が大量発生し，周辺地域に環境汚染を引き起こすこともある。近年では，廃棄物処分場をバイオリアクター（landfill bioreactor）と見なし，浸出水を処分場に循環させ，内部に自然通気する仕組みをつくるなどして，水分や酸素濃度を制御し，廃棄物の微生物分解を促進する試みがされている。

3.3.2 窒素の循環

（1）窒素固定

図3-3に生態系における窒素の生物地化学循環の概要を示す。窒素は-3から+5までの酸化数をとることができ，多様な化合物として存在している。大気成分の78%は窒素ガスであるが，三重結合で結ばれた窒素から硝酸塩などを生成することは，ほとんどの生物にとって不可能である。一次生産者である植物ですら，窒素ガスを直接利用する能力は持っていない。窒素固定細菌は，窒素ガスをアンモニウム塩に還元する酵素ニトロゲナーゼを有し，さまざまな窒素化合物を合成できる特別な生物である。マメ科植物と共生する根粒細菌が有名であり，大豆が畑の牛肉と呼ばれるようにタンパク質が豊富な理由のひとつとなっている。また，田植えの前の水田にレンゲが植えられることもあるが，共生している根粒細菌が窒素固定することによって水田の緑肥となるためである。また，シロアリも

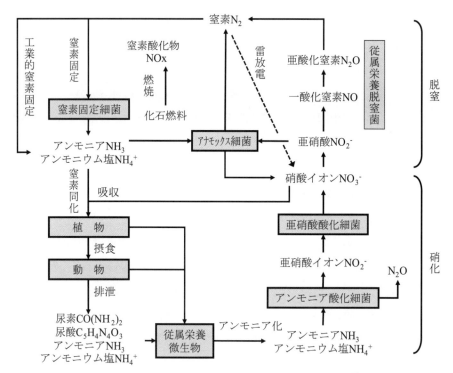

図3-3 生態系における窒素の生物地化学的循環[2]

腸内に窒素固定細菌を共生させており，窒素含量の少ない木材を食糧とし，タンパク質を体内で合成して生きることができる。また，他の生物と共生せず，自由生活型の窒素固定細菌も存在する。ハーバーボッシュ法による化学工業的な窒素固定が1900年代初頭からはじまるまでは，生態系において生物が利用できる窒素量は非常に限られていたのである。

（2）窒素同化

植物は，共生細菌が固定した窒素や，物質循環のなかで産生されたアンモニウム塩や硝酸塩を吸収して代謝し，アミノ酸やタンパク質，核酸などの窒素化合物を合成する。これを窒素同化という。動物も，植物や他の動物を捕食することで，そのタンパク質を窒素源として利用する。

動物の体内でタンパク質・アミノ酸が分解されると，アンモニアが生成される。アンモニアは毒性があるため，哺乳類や両生類は無毒の尿素$CO(NH_2)_2$に変換して尿として排出する。鳥類や爬虫類は，非水溶性の尿酸$C_5H_4N_4O_3$として体外に窒素を排出する。尿酸は尿素にくらべて濃縮が可能であり，水分をあまり必要としないため，体重増加を避け，乾燥に適応するためだと考えられている。

（3）硝化と脱窒

植物・動物の死骸は，細菌によって分解され，アンモニウム塩に変えられる。さらにアンモニウム塩は，独立栄養細菌であるアンモニア酸化細菌やアンモニア酸化古細菌によって亜硝酸塩に，さらに亜硝酸酸化細菌によって硝酸塩に硝化される。このアンモニウム塩や亜硝酸塩，硝酸塩は，再び植物

に栄養素として利用される。また，アンモニウム塩の一部は，アンモニアガスとして大気中に揮散される。一方，嫌気的な環境下で亜硝酸塩，硝酸塩を呼吸の最終電子受容体として利用する脱窒細菌が，水や土壌から窒素を大気に戻している。1990年代には，アンモニウム塩（電子供与体）を亜硝酸塩（電子受容体）で嫌気酸化するアナモックス反応が発見された。従来の脱窒反応は有機物を電子供与体とする従属栄養型であり，アナモックス反応は独立栄養型の脱窒反応といえる。当初は，きわめて特殊な反応と見なされていたが，アナモックス細菌は増殖速度がきわめて遅いものの，地球規模で広く分布しており，海洋中のかなりの量の窒素がアナモックス反応によって脱窒されていることが示唆されている。

（4）窒素循環に関する環境問題

窒素はさまざまな生物が役割分担をして，生態系を循環させている元素である。しかし，自然の窒素フローに加え，人為的な窒素フローの増加によって，多くの環境問題が発生している。例えば，化学肥料を農地で使いすぎると，硝酸や亜硝酸による地下水汚染が生じる。閉鎖性水域に窒素が大量に流入すると富栄養化が進行し，アオコや赤潮が発生してしまう。下廃水から窒素を除去する方法としては，硝化と脱窒を組み合わせた生物学的処理方法が主流となっている。ただし，硝化過程におけるアンモニア酸化の副産物として，また脱窒過程の亜硝酸還元の中間代謝物として発生する一酸化二窒素は，強力な温室効果ガスであり，オゾン層を破壊することも知られている。また，自動車の排ガスなどには窒素酸化物が含まれ，大気汚染を引き起こしている。窒素酸化物は，排ガスや森林由来の炭化水素と反応し，光化学オキシダント（オゾン，硝酸過酸化アセチル）を発生させ，さらに酸性雨の原因にもなっている。

3.3.3 リンの循環

図3－4に生態系におけるリンの生物地化学循環の概要を示す。リンの濃度は陸水や海水では本来は低く，水界での植物プランクトンの増殖は強く制限されている。陸域土壌中のリンの濃度は比較的高いが，生物に利用できる化学形態のものは，やはり限られている。土壌中に存在するリンの一部は農作物に吸収されるが，大部分は難溶性塩として土壌に固定されているため，農地では化学肥料が投入されている。

リン資源として重要な鉱床には，化石質鉱床，火成鉱床，グアノなどがある。リン鉱石の主成分は，$Ca_5X(PO_4)_3$として表され，Xはフッ素Fや塩素Clである。これを硫酸で処理すると，石膏とリン酸二水素カルシウムが得られ，肥料のほかに，家庭用洗剤，金属洗剤，加工食品，飲料，飼料などの添加材として利用されている。グアノは，海鳥の死骸や糞，骨や貝殻が長期間堆積して化石化したものであり，太平洋南西部に浮かぶ珊瑚礁のナウル島は，海鳥の糞などに由来するグアノをリン資源として20世紀初頭から輸出して栄えたが，20世紀末にリン鉱石が枯渇し，経済が崩壊してしまっている。また，グアノの採掘によって，ペンギンなどの繁殖地の環境が悪化した事例もある。

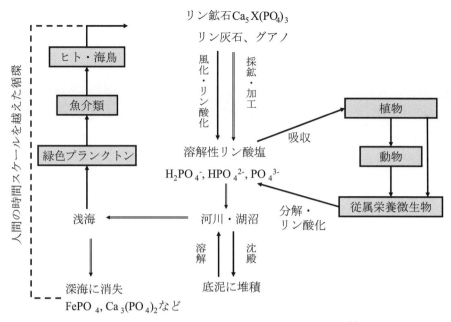

図3－4　生態系におけるリンの生物地化学的循環[2)]

　家庭や工場から排出されリンの大部分は，下水処理場でわずかに除去されるものの，大半が溶解性のリン酸塩として河川や海洋に流出し，閉鎖性水域の富栄養化問題を起こしている。最終的には，鉄やカルシウムと難溶性塩を形成し，深海に消失していく。人間のスケール感では，リンは循環しているというよりも，一方的に流れていくものである。

　下廃水中からリンを除去する方法として，PAO（phosphorus-accumulating organisms；ポリリン酸蓄積細菌）を利用した嫌気好気活性汚泥法やA_2O（anaerobic-anoxic-oxic）法などの生物学的脱リンプロセスが利用されている。PAOは生物学的脱リンプロセス中で優占種となるが，純粋分離することが困難であるため，そのリン除去メカニズムの詳細は，まだ明らかにはなっていないが，ポリリン酸は高エネルギー蓄積物質であり，ATPの代替物質としても機能する。図3－5に示すように，活性汚泥微生物を嫌気条件と好気条件に繰り返し曝すと，PAOは嫌気条件下では細胞内に蓄積していたポリリン酸を分解することでエネルギーを生成し，それに伴って細胞からリン酸が水中に放出される。PAOは，そのエネルギーを用いて細胞内に有機酸を摂取し，PHA（polyhydroxylalkanoates；ポリヒドロキシアルカン酸）を炭素源・エネルギー源として細胞内に蓄積する。好気条件になると，PAOは呼吸によってエネルギーを獲得し，そのエネルギーを用いて，リン酸を摂取してポリリン酸として蓄積しつつ，PHAを使って細胞合成が行われる。有機酸の摂取とPHAの合成に必要なエネルギーよりも，PHAの酸化によって得られるエネルギーのほうが大きい。さらに細胞増殖した分だけ，嫌気条件で放出した量以上のリン酸がPAOによって摂取されるため，PAOが優占化した余剰汚泥を引き抜くことで，下廃水からリンが除去できたことになる。リン鉱石の輸入単価は，近年急激に高騰しているため，下水や汚泥からリンを資源として回収する試みもされている。

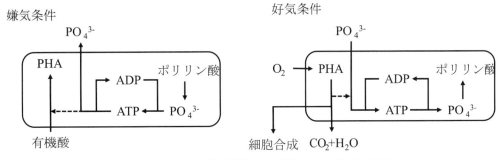

図3-5 ポリリン酸蓄積細菌の代謝メカニズムのモデル

3.3.4 硫黄の循環

図3-6に生態系における硫黄の生物地化学循環の概要を示す。硫黄元素は-2から+6までの酸化数をとることができ，金属原子などと安定な化合物を形成することができる。植物は硫酸塩を根から吸収し，硫黄はシステインやその他の有機化合物として取り込まれる。動植物の排泄物や死骸中の硫黄化合物は，細菌によって好気分解されると硫酸塩に酸化される。嫌気分解されると，悪臭防止法で指定されている硫化水素，メチルメルカプタン（CH_3SH），硫化メチル（CH_3SCH_3），二硫化メチル（$CH_3S_2CH_3$）などが生成される。硫酸塩を呼吸の電子受容体として有機物を酸化し，硫化水素を発生させる硫酸還元細菌もいる。硫化水素は，栄養的に多様な硫黄酸化細菌によって硫酸塩に酸化される。また，海洋の植物プランクトンのなかには，硫化メチルを生産するものが存在し，硫化メチルはエアロゾルとなって雲の核となる。酸化物のジメチルスルホサイド（CH_3SOCH_3）は，硫酸塩となって海に戻る。

また，硫黄の循環に関連する微生物は，太陽光が届かず，海底から熱水が噴出する深海において，独自の生態系を構築することが知られるようになった。深海に住むチューブワームやシロウリガイは，体内に硫黄酸化細菌を共生させており，海底から噴出する硫化物を酸化させて炭酸同化をさせ，それに由来する有機物を養分として生活している。これらの生物は太陽光の恩恵を受けておらず，地表面に生息する光合成生態系に対して，化学合成生態系と呼ばれている。化学合成生態系の存在は，近くにマグマがあったり，地下に活断層が隠れている可能性を示している。これらの生物の分布を調べることで，海底の地殻変動を推測することもできる。

また，コンクリート製の下水管が硫黄の循環に関与する微生物によって腐食してしまうこともある。下水のなかには，硫酸塩や有機物が含まれており，硫酸還元細菌の作用によって硫化水素が発生する。硫化水素は，下水管の上部空間において硫黄酸化細菌によって硫酸に酸化され，コンクリートが腐食されてしまうのである。硫黄酸化細菌は，鉄酸化細菌と並んで，低品位鉱石から銅を回収するバイオリーチングに古くから用いられてきた。鉱石中の硫黄を酸化することでエネルギーを獲得する独立栄養の硫黄細菌を利用し，硫黄と結合している銅（CuS）を直接溶出させ，生成された硫酸が間接的にも銅を溶出させるのである。最近では，都市廃棄物の焼却灰に含まれるさまざまな金属を溶出回収するためにバイオリーチングを利用する研究も行われている。

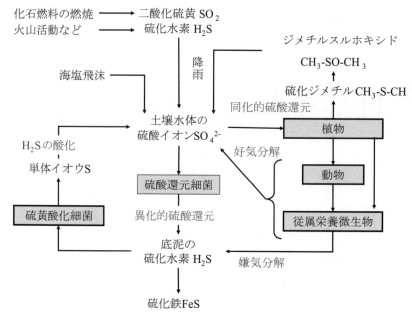

図3-6 生態系における硫黄の生物地球化学的循環[2]

参考文献

1) 北尾高嶺：生物学的排水処理工学，コロナ社，2003.
2) 瀬戸昌之：環境微生物学入門，朝倉書店，2006.
3) 惣田訓・池道彦：下水処理システムのビジョン変換，池道彦・原圭史郎編著，想創技術社会，大阪大学出版会，pp.97-114，2016.

コラム　下水処理と温室効果ガス

　下水処理の目的が，BOD除去から栄養塩類除去に拡大するに従い，新設される下水処理プロセスは高度なものになってきた。処理水質の向上は，電力や化学薬品の消費量の増加を伴うものの，水質の向上で得られる地域の水環境保全の効用が大きかったため，従来は問題にされていなかった。

　しかし，エネルギー消費量の増加に対する水質向上の効用は少しずつ小さくなり，さらに地球温暖化対策に迫られるにつれ，その関係の見直しが必要となっている[3]。曝気槽から発生する二酸化炭素は，大半がタンパク質や炭水化物，脂質などの生物由来のものなので，カーボンニュートラルと見なすことができる。しかし，曝気をするために送風機を動かすための電力などは，化石燃料の燃焼に由来するものであり，そこで発生する二酸化炭素は，温室効果ガス排出量として計上される。また，下水中の有機物の一部は，下水管のなかで嫌気分解されており，メタンが発生している。窒素を除去するために，下水処理場で硝化と脱窒を行うと亜酸化窒素が発生する。二酸化炭素を1とすると，地球温暖化係数は，メタンが25，亜酸化窒素は298である。BOD除去を主目的とする従来型の活性汚泥法にくらべ，窒素・リンなどの栄養塩類を除去できる活性汚泥変法は，下水の有する富栄養化ポテンシャルを1／6程度に削減できるが，それに伴って地球温暖化ポテンシャルが3倍になってしまう試算もある[3]。下水の処理水質の向上によって，水環境は保全できても，地球温暖化は加速化してしまうかもしれない。物質循環にかかわる生物反応を適切に利用・制御することで，地域環境と地球環境の保全の両立はできないだろうか？

第4章　個体群と群集

4.1　個体群の動態

　生物は繁殖を行う集団を形成することで，世代をこえて生息を続ける。個体群（population）とは，同一生物種の個体の集団である。生物個体が同じ空間に生息するときに，生物間の相互作用が発生する。個体群における相互作用には，食物，光などの資源や生活空間をめぐる競争，繁殖，繁殖相手をめぐる競争，捕食や防御における共助などがある。ウマのように常に群で生活する動物だけでなく，繁殖以外は単独行動する動物，植物，微生物でも，同じ空間に生息する個体間には相互作用が生じ，個体群を形成している。

　個体群の大きさ（個体群サイズ）は，その個体群に属する個体数で表す。浮遊性生物や植物のように自発的に運動しない生物の場合や，生息空間あたりで個体群を観察する場合は，単位空間（面積または体積）のなかの個体数，すなわち個体密度で表すこともある。個体数は時間とともに変動する。個体数が減少を続けると，その生物種は現在の生息地において絶滅するおそれがある。また個体数が極端に増加すると，環境資源の枯渇や他の生物種の絶滅の要因にもなる。個体数が時間とともにどのように変化するかは，生態系の健全性にも重要である。

　周囲の個体群との間で個体の移入・移出がないとすると，ある時間tの個体数N_tは一定時間前の個体数N_{t-1}およびその期間の出生数Fと死亡数Mで決まる。

$$N_t = N_{t-1} + F - M \quad\quad\quad\quad\quad\quad\quad\quad\quad\quad\quad\quad\quad\quad (4.1)$$

　個体数に対する出生数の比を出生率f，個体数に対する死亡数の比を死亡率mとすると，式（4.1）は次式のように表せる。

$$N_t = (1 + f - m)\,N_{t-1} = (1 + r)N_{t-1} \quad\quad\quad\quad\quad\quad\quad\quad (4.2)$$

ここで，$r = f - m$は増加率である。

　生物個体は出生後，栄養成長，生殖成長，老化を経て死亡する。このような個体の形態・生態の時間変化を，生活史（life history）という。生活史の時間スケールを齢（age）と言い，長寿命の種では年齢，短寿命の種では月齢や日齢で表す。樹木や哺乳類のように一生の間に何回も繁殖を行う種では，個体群はさまざまな齢の個体で構成される。齢別の個体数分布を，齢構成（age structure）あるいは

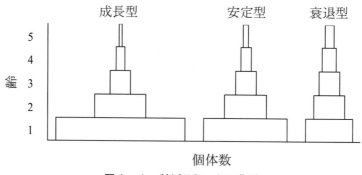

図4-1 齢ピラミッドの典型

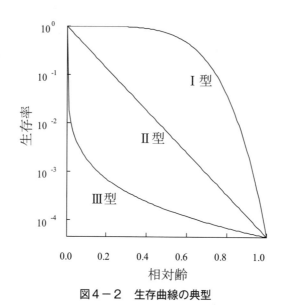

図4-2 生存曲線の典型

齢ピラミッド（age pyramid）と呼ぶ。図4-1に，齢ピラミッドの例を示す。生物種ごとの齢ピラミッドのおおよその形は，齢による出生率と死亡率のパターンにより決まる。出生率は繁殖が可能となる成熟齢，1回の産仔数，繁殖回数，老化などにより，齢とともに変化する。齢による死亡率の変化は，生物種の繁殖戦略により大きく異なる。同時に出生した個体がある齢まで生存する比率のグラフを，生存曲線（survivorship curve）という。図4-2に示すように，生存曲線にはⅠ型（晩死型），Ⅱ型（平均型），Ⅲ型（早死型）に大別される。Ⅰ型は大型哺乳類など少数の子を親が保護・保育する種の型で，若齢での死亡率は低く，生理的寿命まで生存する個体が多い。Ⅲ型は魚類など多産であるが親が保護・保育しない種の型で，被食などによりほとんどの個体が出生直後や若齢で死亡し，生理的寿命まで生存する個体はわずかである。Ⅱ型はⅠ型とⅢ型の中間であり，鳥類などに多い。

個体数が安定している個体群では，齢ピラミッドは生存曲線と相似形になる（図4-1の安定型）。しかし環境や人口学的なゆらぎ（第8章）により，齢ピラミッドの形は変化する。安定型よりも若齢層が多い個体群は個体数が増加する成長型，若齢層が少ない個体群は個体数が減少する衰退型となる。

4.2 個体群の数理モデル

　数理的モデルを適用することで生態学的現象を再現・理解・予測する方法論を，数理生態学という。個体群や群集の動態は，数理生態学の重要な主題である。
　式（4.2）を時間微分方程式に変換すると，次式となる。

$$\frac{dN}{dt} = rN \quad \cdots\cdots\cdots\cdots\cdots\cdots\cdots\cdots\cdots\cdots\cdots\cdots\cdots\cdots\cdots\cdots\cdots\cdots\cdots\cdots\cdots\cdots\cdots (4.3)$$

　もっとも単純な個体群モデルは，環境や個体数によらず増加率rを定数とするモデルであり，個体数Nの変化が時間tの指数関数となるため，これを指数成長モデル（exponential growth modelまたはMalthusian growth model）という。

　指数成長モデルは時間に対し単調増加であり，無限に成長するモデルである。生息空間と資源が十分な環境に少数の個体が生息する場合には，個体群ははじめ指数成長モデルに従って成長するが，個体数の増加とともに指数成長からかい離する。現実の個体群が無限に成長することはなく，成長の限界がある。これは個体数の増加とともに，食物や生活・営巣空間の不足，有害物質の蓄積，感染症の蔓延，個体間競争の激化などによって増加率が低下するためである。これを密度効果（density effect）という。

　次式のように，増加率を個体数の線形関数として変化させることで，密度効果を表せる。これを，ロジスティック成長モデル（logistic growth model）という。

$$\frac{dN}{dt} = r_0 \left(1 - \frac{N}{K}\right) N \quad \cdots\cdots\cdots\cdots\cdots\cdots\cdots\cdots\cdots\cdots\cdots\cdots\cdots\cdots\cdots\cdots (4.4)$$

　r_0は密度効果や人為的影響がない時に実現する最大増加率で，内的自然増加率（intrinsic natural growth rate）という。またKは自然に増加できる個体数の上限で，環境容量（carrying capacity）という。ロジスティック成長では，初期個体数にかかわらず，個体数は$N = K$に漸近する。

　ロジスティック成長モデルは個体数が多いほど負の影響が強くなる密度効果に基づくが，実際には個体数が多いことで成長に有利になる密度効果もある。草食哺乳類には群れをつくる種が多いが，個体数が多いほど捕食者の攻撃を発見しやすく，また捕食者の捕食量の限界によって生残する確率が高くなる。逆に個体数が少ないことによる負の影響として，繁殖や受粉の機会が減少することがある。このような逆の密度効果を，アリー効果（Allee effect）という。次式は，アリー効果を導入した数理モデルの例である。

$$\frac{dN}{dt} = r_0 \left(1 - \frac{N}{K}\right)(N - A) \quad \cdots\cdots\cdots\cdots\cdots\cdots\cdots\cdots\cdots\cdots\cdots\cdots (4.5)$$

　ここでAはアリー閾値であり，$N < A$では個体数は減少する。まとめとして，指数成長，ロジスティック成長，アリー効果による個体群サイズ変化を，図4－3に示す。

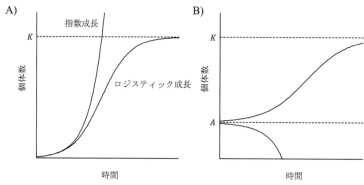

A）指数成長とロジスティック成長，B）アリー効果を加えたロジスティック成長。Kは環境容量，Aはアリー閾値である

図4-3　個体群モデルによる個体数の時間変化

4.3　種間相互作用と群集の数理モデル

同じ空間に生息するさまざまな生物種の集団，すなわち異種個体群の集合を，群集（community）という。群集のなかではさまざまな生物種間の相互作用が発生し，それによってそれぞれの個体群が変化する。表4-1は二種間の種間相互作用の類型を示し，双方が正または負の影響を受けるか，あるいは変化しないかで分類される。

表4-1　種間相互作用の種類と利害関係[1]

相互作用	A種の応答	B種の応答	備考
競争	−	−	
捕食	＋	−	A；捕食種，B；被食種
寄生	＋	−	A；寄生種，B；寄主
双利共生	＋	＋	
中立	0	0	
片害作用	0	−	
片利作用	0	＋	

4.3.1　競争系の数理モデル

二種の生物が同じ資源や生息空間を利用するとき，二種間に競争が発生する。次式は，ロジスティック成長モデルを応用して競争による二種の個体群N_1とN_2の競争を表した，ロトカ・ボルテラ競争系モデル（Lotka-Volterra competition model）である。

$$\frac{dN_1}{dt} = r_1 \left(1 - \frac{N_1 + a_2 N_2}{K_1} \right) N_1$$

$$\frac{dN_2}{dt} = r_2 \left(1 - \frac{N_2 + a_1 N_1}{K_2} \right) N_2 \tag{4.6}$$

ここで二種について，r_1とr_2は内的自然増加率，K_1とK_2は環境容量，a_1とa_2は競争係数である。$a_1 N_1$および$a_2 N_2$は，他種の存在による密度効果の増大を表す。このモデルによる二種の個体数の時間変化を，図4-4に示す。パラメータの組み合わせにより，二種のいずれかが絶滅する場合と，二種が安定共存する場合があることがわかる。

このモデルの挙動を理解するため，(N_1, N_2)空間のアイソクラインを用いる。アイソクラインは個体数の増減がゼロとなる境界線であり，それぞれの種について次式で表せる。

$$\frac{dN_1}{dt} = 0 \rightarrow N_1 = K_1 - a_2 N_2$$

$$\frac{dN_2}{dt} = 0 \rightarrow N_2 = K_2 - a_1 N_1$$

……………………………………………………………………………… (4.7)

二種のアイソクラインを，図4-5に示す。二本のアイソクラインで区切られた(N_1, N_2)空間の各領域では，dN_1/dtとdN_2/dtの符号によって点の移動方向が決まり，十分に時間が経過すると安定解（図4-5の黒丸）で静止する。なお白丸は不安定解であり，初期個体数が正確に一致する場合のみ静止する。ロトカ・ボルテラ競争系モデルは，係数の組み合わせによって異なる挙動を示す。図4-5Aでは種1のみが，Bでは種2のみがそれぞれの環境容量まで増加し，競争相手は絶滅する。Cは排他的競争と呼ばれ，初期個体数あるいは軌跡の座標よって二種のどちらかが優占し，競争相手は絶滅する。Dでは最終的に，二種が安定共存する。

次に，二種が共存できる条件を考える。アイソクラインの一方の切片であるK_2/a_1とK_1/a_2は，競争相手の環境容量を自種の個体数に変換した当量である。自種の個体数の上限は環境容量なので，環境容量がこの当量より小さいならば，競争相手が絶滅することない。すなわち，$K_1 < K_2/a_1$かつ$K_2 < K_1/a_2$が，二種が安定共存する条件である。

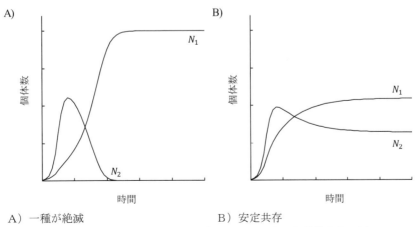

A）一種が絶滅　　　　B）安定共存

図4-4　ロトカ・ボルテラ競争系モデルによる個体数変化の例

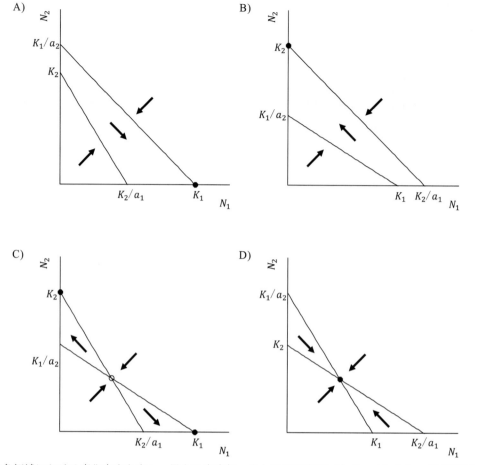

矢印は各領域における変化方向を表し，黒丸は安定解，白丸は不安定解である。A）B）一種が絶滅，C）競争的排除，D）安定共存

図4－5　ロトカ・ボルテラ競争系モデルのアイソクラインと収束点

　生態系における生物種の生態学的地位を，ニッチ（niche）という。ニッチの本来の概念は食物網中の地位だが，その定義は後に拡張され，生息にかかわる全ての環境資源の多次元空間において生物種が占める特定の領域をいう。また同じ環境資源，特に同じ食物を資源とする生物種群を，ギルド（guild）という。例として，図4－6に一次元のみの資源空間（例えば食物のサイズ）を示す。縦軸は，資源の利用率である。種1と種2が利用する資源の範囲（ニッチ）は，一部が重複している。競争相手がない時のニッチを基本ニッチ，競争相手の存在により狭められたニッチを実現ニッチという。ニッチの重複が大きいと排他的競争関係になり，二種の共存はできない。ニッチの重複を避けるためには，二種のニッチの間隔が広く，それぞれの種のニッチの幅が狭いことが要件となる。例えば鳥類では，くちばしの大きさの違いにより，摂取する食物のサイズが異なることで共存する類縁種が見られる。この場合，進化の結果共存できるようになったのか，共存するために進化したのかの因果は不明である。ニッチの重複と種間競争は関係が深いため，ニッチ重複度から競争係数の決定が試みられているが，合理的な決定は困難である。

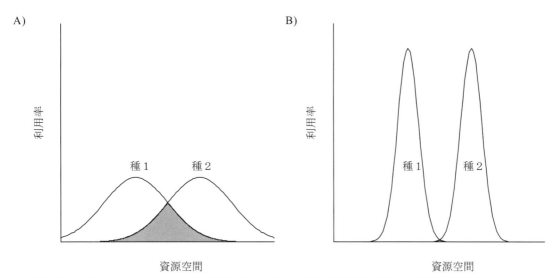

資源利用率の重複部分（灰色）で，種間競争が発生する。総資源利用量（利用率曲線の積分値）は，両図とも同じである。A）ニッチ重複が大きく種間競争が強い，B）ニッチ重複が小さく種内競争が強い

図4－6　一次元資源軸上のニッチと競争の概念

4.3.2　捕食系の数理モデル

　食物資源量は出生率や死亡率に関係し，また天敵の数は死亡率に影響するため，捕食関係を通じて捕食者と被食者の個体数は相互に関係しつつ変動する。次式は，捕食による被食者の個体数Vと捕食者の個体数Pの変化を定式化したロトカ・ボルテラ捕食系モデル（Lotka-Volterra predator-prey model）である。

$$\frac{dV}{dt} = rV - cPV$$
$$\frac{dP}{dt} = bcVP - mP \qquad (4.8)$$

　ここで，rは被食者の増加率，mは捕食者の死亡率，cは捕食効率，bは転換効率である。cPVは捕食機会が捕食者および被食者の個体数に比例することを表し，また$bcVP$は捕食者の増加率が捕食量に比例することを表す。このモデルを現実的に改良する。第一のモデル式（4.8）は被食者の指数成長を仮定しているが，これを被食者の成長をロジスティック成長に修正する。また被食者が多すぎると満腹のため捕食量は頭打ちになるため，捕食量の上限を導入する。

$$\frac{dV}{dt} = r\left(1 - \frac{V}{K}\right)V - \frac{cPV}{1+hV}$$
$$\frac{dP}{dt} = \frac{bcVP}{1+hV} - mP \qquad (4.9)$$

ここで，K は被食者の環境容量，h は捕食者当り捕食量の上限の係数である。

　捕食系モデルの挙動も，競争系モデルと同様に二種のアイソクラインを求めて理解できる。図4－7に V と P の時間変化を，図4－8に (V, P) 空間の2つのモデルの軌跡を示す。第一のモデルは被食者・捕食者ともに同じ周期で増減を繰り返し，収束することはない。これは被食者の指数成長による無限成長を捕食者がおさえることで，個体数の変化幅を安定させる効果と理解できる。第二のモデルは，係数の組み合わせによって2つのモードを持つ。ひとつは両者の個体数の振動が徐々に減衰して一点に収束するモードで，これは環境容量を考慮したことにより被食者の増加過程が減速する効果である。収束点は安定解で，二種のアイソクラインの交点である。もうひとつは第一のモデル同様に二種の個体数が振動を続けるモードで，これは捕食量の上限のために捕食による個体数の安定効果が弱まるためである。これらの2つのモードは，被食者の係数である K や，捕食者の係数である m の変化によって，相互に遷移する。被食者の食物資源（草など）には変動があり，また異常気象や感染症により捕食者の死亡率も変動する。捕食関係にある実際の個体群の周期的変動でも，振幅が不規則に変動し，また一時的に安定するような変動が観察される。第二のモデルは被食者と捕食者の個体群の複雑な変動を表現可能である一方で，実際の個体群の周期的変動が捕食関係によるものであるという確実な証拠もまたない。数理モデルによって生態系の動態を再現し，生態系の主要なメカニズムに迫ることが期待されるが，複雑な生態系を完全に再現することは不可能であり，またさまざまな錯誤を生む可能性にも慎重であるべきである。

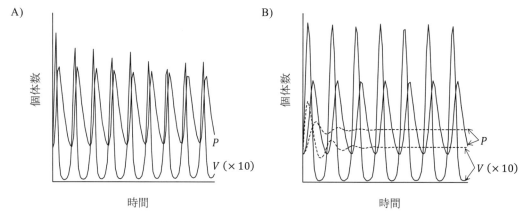

V は被食種，P は捕食種。A）モデル1式（4.8），B）モデル2式（4.9）。被食種の環境容量 K の値により振動（実線）と収束（破線）の2つのモードが見られる

図4－7　ロトカ・ボルテラ捕食系モデルによる個体数変化の例

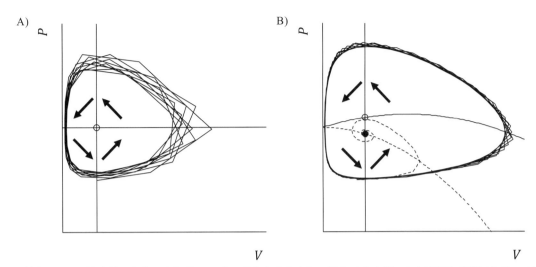

Vは被食種,Pは捕食種。矢印は各領域における変化方向を表し,黒丸は安定解,白丸は不安定解である。A) モデル1式 (4.8),B) モデル2式 (4.9)。環境容量Kの値により被食種のアイソクラインが移動し,振動（実線）と収束（破線）の2つのモードが見られる

図4-8　ロトカ・ボルテラ捕食系モデルのアイソクラインと軌跡

引用文献

1) Mackenzie, A., Ball, A. S., Virdee, S. R.（岩城英夫訳）：生態学キーノート，シュプリンガー・ジャパン，2001.

参考文献

1) 巌佐庸：数理生物学入門－生物社会のダイナミックスを探る，共立出版，1998.

第5章　生態系のダイナミクス

　生態系撹乱は，ヒトが原因となる人為撹乱（human disturbance）と，ヒトがいなくても起こる自然撹乱（natural disturbance）に分けて捉えることができる。さて，撹乱は生態系にとって正負どちらの効果となるのだろう。生態系の保全や復元を適切に行うには，対象となる生態系の時間上，空間上での変化機構を把握する必要がある。それらを理解することで，防災や減災をも含めた生態系管理が可能となる。例えば，ある河川では消滅したヨシ原の復元を行った結果，ヨシ原が外来魚の生息地を提供してしまい在来魚が大きく減少してしまった。このことは，生態系全体のつながりを俯瞰せねば，生態系復元は誤った帰結となることを示している。ここでは，撹乱と生態系の関係をいくつか例示し，種間関係の時間的変化について触れる。

　生態系（ecosystem）の構造は，時間の経過とともに変化する。例えば，火山噴火直後には，多くの生物が死滅し，地表面はほとんど植物に覆われていない裸地が形成される。その後，徐々にさまざまな生物が裸地に侵入し生態系の回復がはじまる。日本のように降水量の豊富な地域では，数世紀という長い時間がかかるが最終的には森林となることが多い。このような時間の経過に伴い生態系が変化することを，遷移（succession）という。では，遷移にはどのような規則性があるのだろうか。

5.1 撹乱と遷移

　遷移のはじまりは，その生態系が何らかの撹乱（disturbance）を受け，その地域の生態系が大きな変化が起こった時点とみなせる。生態学的な撹乱とは，生態系の構造と機能が物理的に乱れることを意味する。具体的には，大規模なものでは，火山噴火・火災・津波，小規模なものとしては倒木，踏み付けなどがあげられる。

　遷移は，撹乱の強度により2つに区別して扱われることが多い。火山噴火，新島誕生，地滑りなど，その地域から全ての生物が消滅したところからはじまる遷移を，一次遷移（primary succession）といい，生物が少しでも残っているところからはじまる遷移を二次遷移（secondary succession）と分けることがある。生物が全て消滅したところでは，周辺からの植物の移入によってのみしか植物の定着がはじまらないが，そこに植物が残っていれば，生存していた種子や栄養繁殖体からの再生が可能であるため，多くの種が撹乱直後から再生できるという大きな違いがあるため区分されている。従って，一次遷移にくらべて二次遷移の方が群集の回復速度は，はるかに大きい。遷移は，回復速度ばかりでなく，種や環境の移り変わりにも一定の規則があり，それを見出すことが遷移研究の主眼である。

　空間と時間には相互作用（interaction）があり，例えば，火山噴火直後の地表面は直射に曝され土

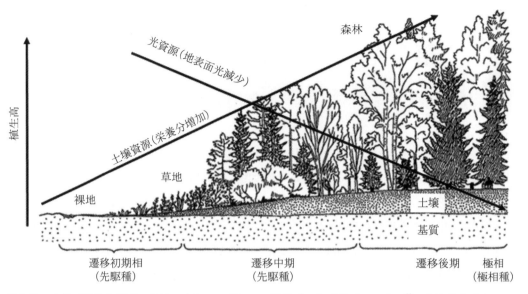

撹乱前の生態系構造と撹乱の特性により，いずれかの植物群から遷移がはじまる[3]。北海道有珠山1977-78年噴火後の遷移では，裸地に多年生草本が定着することから遷移がはじまっている。降水量が十分な温帯や熱帯地域では，遷移の進行とともに植生高は増し，草地や低木林に移行し，明所で育つ陽樹を主体とする陽樹林が形成される。ついで，林床が暗くなると陽樹の実生は育てず，暗所でも育てる陰樹に入れ替わり陰樹林が形成され，それが極相となる

図5－1　生態遷移

壌養分は乏しいが，時間の経過につれ植物が地表面を覆い直射が減少し土壌栄養分は増えていく（図5－1）。このように，生態系の変化を理解するには，常に空間的変化と時間的変化と，その相互作用を考慮せねばならず，さらに，種の絶滅（extinction）確率や生態系の安定性（stability）と復元性（resilience）を含めた生態系の成立機構を明らかにし，これらが理解できてはじめて生態系の保全・復元方法の考案が可能となる。生態系の安定性と復元性の低下は，食物連鎖や生態系サービスの劣化等を通じ，人類にも負の影響をおよぼす。それらの知見を応用し，生物多様性の損失を防ぐために各種の生息地の現状把握と個体群動態などにより絶滅の可能性の高い種をリストアップしたRDB（red data book；レッドデータブック）の作成や，種数と固有種数をもとに生物多様性を維持するのに重要な地域として生物多様性ホットスポット（biodiversity hotspot）の指定などがなされている。

　生態系を保全するためには，生態系を人類のために必要な開発という名のもとで破壊しないことは当然だが，人口増加に伴う生息地減少は避けられないというジレンマが存在する。より多くの生態系を維持・管理・復元するためには，それぞれの生態系や景観の自然状態での動態と機構をまず明らかにしておく必要がある。

　遷移が進行する原因は，植物が環境に働きかける土壌の発達や被陰（ひいん）という環境形成作用（reaction）と，競争（competition），共生（symbiosis），寄生などを含めた種間相互作用（inter-specific interaction）が時間とともに変化することによる。時間が経過して，群集が成熟し，ある程度の時間が経っても大きな変化が認められない状態になれば，その群集を極相（クライマックス，climax）と

いう．特に，極相が森林であれば，その森林を極相林と呼ぶ．極相に特徴的に表れる種を極相種（climax species）といい，一方，遷移初期に特徴的に表れる種を先駆種（pioneer species）という．

極相は，安定した変化の少ない群集ではあるが，必ずしも一様なものではなく局所的な撹乱とそれに伴う再生を繰り返す不均質なパッチ状構造を持って維持されている．ギャップ（gap）は，おおむね均質とみなされる空間中に発生した，撹乱等により形成される異質な空間を指す．例えば，森林では，台風等により倒木が発生すると，その倒木の近くは周囲とくらべて明るい異質な空間となる．このギャップが森林中に，パッチ状に形成されると，ギャップでは遷移がはじまるので群集全体をみると，あるところでは遷移初期が，あるところでは遷移後期や極相の段階がみられることになる．しかし，平均すれば，いつでもバイオマスは一定な安定した極相群集とみなすことができる．つまり，極相とは，変化しないから安定なのではなく，撹乱によるギャップ形成と部分的な遷移の繰り返しにより動的に安定している．森林では，この群集維持機構をギャップダイナミクス（gap dynamics）と呼び，ギャップの形成パターンが森林の生産力や多様性に関与していることが分かっている．

九州の桜島では，1476年に噴出した文明溶岩上，1779年の安永溶岩上，1914年の大正溶岩上，1946年の昭和溶岩上で植物群集の調査が行われた[8]．つまり，噴火から500，180，50，20年が経過した時にできる植物群集を，各溶岩上で観察でき，それらを並べることで遷移系列の推定が行える．このような調査方法を，クロノシークエンス法（chronosequence）という．撹乱は，規模（scale）・強度（intensity）・頻度（frequency）で定量化あるいは特徴づけができる．クロノシークエンス法は，簡便かつ短期間での調査が可能だが，その推定には調査区間での撹乱の規模・強度・頻度はおおむね同じという仮定が必要となる．森林火災による撹乱では，火災面積（撹乱面積）が大きいほど遷移速度は遅くなる．同面積の火災であっても，強度が大きく土壌が完全に焼ける場合と，強度が小さく土壌が燃え残った場合では，埋土種子などの土壌中で生存できる植物量が大きく異なり，遷移系列や速度が異なる．

桜島での噴火から極相発達までの遷移は，コケ・地衣類，草本類，低木類の順であったが，噴火から500年を経過した文明溶岩上においてすら，低木類が優占し，極相には達していない．このことから，極相林が形成されるには数百年以上が必要であり，極相を保護する重要な根拠となっている．

クロノシークエンス法は，遷移の詳細を知るには限界があり，より確実な方法として永久調査区（permanent plot）によるモニタリングが世界各地で行われている[6]．北海道南西部に位置する有珠山は，1977-78年に噴火し，現在まで永久調査区を用いた継続調査が行われている．有珠山では，噴火直後には，噴火降灰物に覆われた地表面の安定性は低いためコケ類や地衣類が定着できず，一年生植物は種数がきわめて少なく，これらが優占する遷移段階は認められなかった．かわりに，地下茎などを発達させる多年生草本が初期に優占した．この遷移パターンは，合州国西海岸のセントヘレンズ山でも認められている．教科書に惑わされず，自分の目で確かめることが研究の道である例として記憶に留めて欲しい．

5.2 多様性に関する理論

生態系保全上，群集の種数や多様性を知ることは重要である。島の生物地理学（island biogeography）は，ある島における種数は，島への移入種数と絶滅種数が等しくなったときに平衡状態となり安定することを予測している（図5－2）。この知見は，保護区域を島に見立てる事で，保護区域の策定に応用可能である。生態系保全地域指定は，数多くの大面積保護区の指定が理想だが，指定できる面積には限りがあるので現実的ではない。そのため，限られた面積を効率よく保護区として指定する際には，少数の大規模保護区がよいか，多数の小規模保護区がよいかという論争（single large or several small; SLOSS）があった。島の生物地理学からは，多数の小規模保護区が，多数の種を保全できるため優れていると考えられた。一方，希少種の保護には，種数は少なくなるが少数でも，その種の分布する地域を広範に保護する方が有利である。現在では，保護区の策定目的が，特定種の

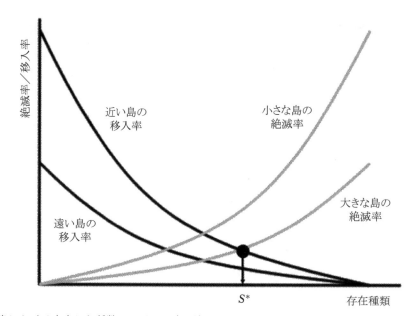

ひとつの島における安定した種数は，以下の式で決まる。

$$S^* = S + I - E$$

S^*は安定種数，Sは現在の種数，Iは生物供給源（母島）からの移入率，Eはその島での絶滅率を示す。母島としては日本本土，島として小笠原諸島などの島々を想定して，各島での安定種数の予測が行える。種数が安定していれば，$S^* = S$なので$I = E$となる。4つの交点が小さな遠い島，大きな遠い島，小さな近い島，大きな近い島での平衡状態での種数を示す。種数の多い島（保護区）をつくるには，大きく近い島が望ましいが，物理的に島を近づけことはできない。そのため，回廊（コリドー, corridor）の設置などにより島間の生物の移動性を高めることで多様性を高めることができる。生物保護区における回廊としては，生垣や並木の設置などがあげられる

図5－2　島の地理生態学にもとづく種数の決定様式

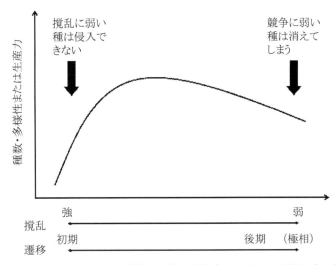

撹乱が遷移の進行にともない弱くなれば、種数は、撹乱が適度に発生する中期に高くなる

図5－3　中期と撹乱仮説の概念図

保護であれば単一大規模が，多くの種の保護であれば多数小規模が優れていると結論されている。このことは，保護区の設置目的が明確でなければ有効な保護区域は設定できないことを意味している。

中規模撹乱説（intermediate disturbance theory）または中規模撹乱理論とは，種数や生産力は，撹乱が中程度のところで最大となるという説である（図5－3）。学校の芝生を考えてみよう。毎日のようにキャッチボールをしている踏み付けという撹乱をひんぱんに受けている場所では，裸地となるか，踏み付けという撹乱に強い種のみが定着している。そのため，種数はきわめて少ない。一方，芝生がよく管理され踏み付けのまったくない場所では，芝生が他種の定着を抑制するため種数は少ない。つまり，踏み付けという撹乱がほどほど（中程度）のところで，撹乱（この場合踏み付け）にも競争にもほどほど耐えられる多くの種が定着でき種数は最大となる。この理論は，遷移にも適応できる。撹乱直後は，強い撹乱の影響から種数は少ない。時間の経過につれ撹乱が弱くなると撹乱に弱い種も定着でき種数が増す。さらに時間が経過し極相に近くなると，競争が強くなり競争に弱い種が消えてしまい，遷移中期より種数は少なくなる。結果として，遷移中期にもっとも種数は高くなる。

中規模撹乱説は，高い種数を維持するには撹乱が必要であることを示唆し，多様性保護のために闇雲に撹乱を除去するような自然保護は，逆に，生態系を変化させてしまうことを意味している。

5.3　直接効果と間接効果

撹乱の影響は，直接的な作用ばかりでなく間接的な作用も考慮せねばならない。ここでは，アラスカの森林火災後の遷移を例に示す。地球温暖化に伴う生態系変化は，温度上昇による直接効果（direct effect）と，温暖化に伴う気象変化を介した降雨・落雷パターンの変化などの間接効果（indirect effect）により起こる。アラスカ内陸部の針葉樹林の一種であるクロトウヒ林では，気象変化による火災面積・強度の増大を介した間接的な影響が，更新（regeneration）様式に大きく変化している。

> **種子散布**（seed dispersal）；種子がどのように移動するのかを知ることは，遷移研究ばかりでなく，温暖化を含めた環境変化に対する生態系応答を予測する上で重要である（表5-1）。種子散布様式は，移動手段をもとに以下のように整理できる。
>
> **風散布**（wind dispersal）；タンポポやヤナギのように風により種子が運ばれる。微小な種子は，特殊な散布器官をつくらなくても風により十分に散布されるため風散布として扱われることが多い。
>
> **水散布**（water dispersal）；海流を含めた水流により移動する種子。湿原植物には，水散布種子植物がよく見られ，湿原内での水移動が植物定着に大きく影響していることを示している。
>
> **動物散布**（animal dispersal）；動物の体に付着し運ばれる動物付着散布と，動物内部を通過し散布される動物被食散布に分けられる。散布距離は動物の行動範囲に大きく依存する。
>
> **自発散布**（self-dispersal）；種子を自力で飛ばす種子（果実）のことで，ホウセンカやカタバミなどがあげられる。
>
> **重力散布**（gravity dispersal）；特別な種子散布器官を持たない，堅果（ドングリ）を生産するナラ類などがあげられる。しかし，これらの種子は，齧歯類や鳥類が食物として巣や地中に貯蔵され，忘れ去られれば発芽できるため，隠匿散布（cache）と呼ばれる一種の動物散布を行っている。
>
> 植物によっては複数の種子散布様式を発達させるものがある。例えば，スミレは，自発散布を行い，ついで種子につく甘い部分（カルンクル）を利用しアリに運ばれる。

クロトウヒは，火災後に主に種子を散布する火災適応型の種子散布様式を有し，軽度の火災が更新を促進していた。このことは，完全な火災抑制は，必ずしも生態系の維持には正の作用とはならないことを示している。その一方で，火災強度の増大につれ，火災後に，落葉広葉樹をはじめとする，これまでに見られなかった植物の侵入が顕在化し，遷移系列が変化しつつある[10]。

森林火災は，火災に伴う短期間の二酸化炭素放出ばかりでなく，植物群集が回復するまでは光合成能力が低下し，長期にわたり二酸化炭素収支に影響する。黒く焼けた地表面では，土中温度が上昇し永久凍土の融解が進む。永久凍土中には，大量のメタンが含まれており，それが大気中に放出される。メタンは，二酸化炭素の20倍以上の効果を持つGHG（greenhouse gas；温室効果ガス）である。その結果，森林火災は，長期にわたり間接的に地球温暖化を加速する正のフィードバック（feedback）が起こる。

北米では南方のみに生息していた昆虫が温暖化に伴い北上し，多くの樹木を食害し枯死させている[2]。枯死木は生木よりも燃えやすいため火災強度が増し，さらなる二酸化炭素放出を誘導する正のフィードバックも起こる。このように，生態系間相互作用の変化を明らかとすることが温暖化機構を明らかにし，適切な抑制手法を講じることにつながる。また，火災撹乱の監視と制御については，大きな研究課題として残されている。

温暖化に伴い，北半球では，南方の植物がより北でしか生育できなくなる。つまり，現在，そこに

表5－1　樹木について，最終氷期終わりからの温暖化期間における花粉化石記録から計算された移動速度[7]

属 (genus)	移動速度 (m/年)	主な種子散布型
モミ (Abies)	40-300	風（翼は小さい）
ハンノキ (Alnus)	500-2,000	風
クルミ (Juglans)	400	重力（動物）
トウヒ (Picea)	80-500	風
マツ (Pinus)	1,500	風
カシ (Quercus)	75-500	重力
ニレ (Ulmus)	100-1,000	風
気候帯*	1,500-5,500	

樹木の移動速度は，人為干渉による障壁の形成や解除により変化する。温暖化に伴う生態系の移動速度に，移動速度が速いと考えられる風散布植物でも追いつかない種が多い。また，絶滅危惧種のような希少種の方が，普遍種よりも移動速度が遅いことが多く，温暖化の影響を受けやすい。もっとも北方に位置するツンドラ生態系は，もはや行き場所がない。従って，現在の保護区が意味をなさなくなることも懸念ありうる。*：複数の温暖化モデルから予測されたもの

ある生態系が存続するには北方に移動せねばならない。アメリカ東海岸のアメリカブナ (*Fagus grandifolia* Ehrh.) 分布域の温暖化に伴う変動予測では，平均気温が6.5℃上昇すると現在の分布域からアメリカブナはほとんど消滅し，将来の分布域は現在の分布域とほとんど重複しない[5]。アメリカブナの森林が存続するためには「アラスカ物語（新田次郎著）」のアラスカ先住民のように長距離の旅を短時間で行い新天地に移住せねばならない。一方，現在の分布域内では，環境が生育に不適なものに変化するため，光合成効率や生産力が下がり二酸化炭素吸収速度が低下する正のフィードバックが発生し，温暖化は加速される。さらに，生態系の移動に関して大きな問題となるのが，植物の移動速度である。植物は，(雄は花粉でも移動することを除けば) 種子のときにしかほとんど移動できない。種子の移動速度は，温暖化による気候帯の移動速度よりも遅い種が多い（表5－1）。気候の移動速度に追いつけない種は，現在の分布域から消え，新しい分布域には到達できず，絶滅する可能性は高い。さらに，その群集から種が消失することは，生態系の構造が変化することを示している。

5.4　氾濫原

北海道石狩川の支流である空知川に発達した自然堤防では，六種のヤナギが定着している。これらの種は，種組成の異なるいくつかのヤナギ林を成立させている。エゾヤナギとタチヤナギは，同所的 (sympatric) に定着している所はほとんどなく，生息地を分化 (differentiation) させている。この植物群集の分化の要因を明らかにするために，各種の種子散布時期と種子寿命，河川水位との関係に関する調査が行われた[4]。

種子散布は，エゾヤナギがもっとも早く５月中，タチヤナギが６月中ともっとも遅くにみられ，これら二種の種子散布期間には１月程度のずれがあった。これら以外のヤナギ種子は，これらの二種の散布期間の間の時期に散布されていた。種子散布期間は，いずれの種も１月程度であった。ヤナギは，

短命種子の代表だが，実際に，種子散布から40日が経過すると，ほとんどの種子が発芽しなかった。従って，ヤナギの実生が定着するには，種子散布後，速やかに発芽適地にたどり着かねばならない。その期間の空知川の水位変化を見ると，4月半ばから数週間は河川水が増水し，ときとして氾濫した状態となる。この水源は，主に上流にある山々の融雪水であるため，雪解けが進み水源が縮小するにつれ流量は減少し，7月半ばには夏季にもっとも水位の低い状態となる。従って，河川水位がもっとも高く氾濫が見られる時期に，エゾヤナギが他のヤナギに先駆け，種子を散布する。そうすると，エゾヤナギ種子は，堤防の下部はまだ水で覆われているため堤防の上部でしか発芽できない。一方，タチヤナギは，もっとも遅く種子を散布するが，それまでに散布された他種のヤナギが発芽したところは水位が下がっており，また先に侵入したヤナギ実生に発芽適地が占められ，発芽に適さない。タチヤナギの実生が定着できる場所は，それまでに散布された種子は水に覆われ発芽することのなかった堤防の下の方となる。その結果，エゾヤナギとタチヤナギの分布は重ならず，その他のヤナギ類は，これら二種の間に順次定着し，植物群集のゾーネーション（zonation）が形成されることが明らかとなった（図5-4）。

従って，ダム建設等により河川氾濫を抑制すれば，このゾーネーションは消失する。さらに，春先の氾濫のもととなる水源は融雪水であり，温暖化などにより積雪分布が変化すれば，やはり，ゾーネーションは影響を受ける。このように，積雪の変化など温暖化の影響が現れやすい特性を有する地域では，温暖化と生態系は切っても切れない関係にある。

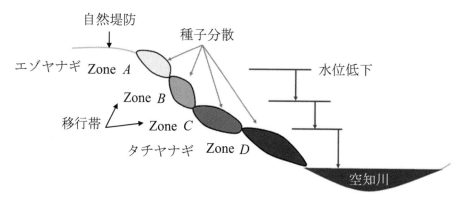

春先に水位はもっとも高く，季節の進行に伴い下がる。それぞれのヤナギの種子が移入できる場所は，空知川の水位変化に呼応して決定される。移行帯（transitional zone）は，群集構造が段階的に変化している群集部分を指す

図5-4 空知川における水位変化に呼応したヤナギ林のゾーネーション発達パターン

5.5 ナースプラントと生態系復元

ナースプラント（nurse plant）は，その名の通り，他種が育つのを看護する植物である。米国西海岸のセントヘレンズ山では，マメ科のハウチワマメは，栄養繁殖により小さな藪のような集団（パッ

チ）を形成する多年生草本で，生存中はパッチ中への他種の侵入・定着を阻害している。しかし，本種は共生する根粒菌により窒素固定（nitrogen-fixing）を行うため，火山噴火後の窒素分の乏しい土壌でも定着でき，かつ土壌を発達させる作用がある。マメ類・ハンノキ類などの植物は，この窒素固定能を利用し先駆種として窒素分の乏しい遷移初期に定着できることがある。ハウチワマメの寿命は5年程度で，死亡すると，その真っ黒になった窒素分の高い枯死したパッチ中には，多種の定着が認められる[11]。このように，ある種が定着することで他種の定着が促進される現象を，定着促進効果（facilitation）という。従って，ハウチワマメが遷移初期に優占することは短期的には多様性を下げているが，長期的には多様性を上げている。生態系復元には，このように効果が表れるまでの時間を考慮することが必要である。人為的な復元は，短期的には効果をあげても，長期的には効果に疑問を呈されることも多い。そこで，保全や復元の成果を評価するには長期モニタリング（long-term monitoring）が必要となる。このハウチワマメ研究は，1600個の10m×10m調査区を設け，そのなかのハウチワマメ全個体に印をつけ10年以上のモニタリングから得たものである。

5.6 スケール依存性

米国の礫質な海岸において，海岸線に沿い発達した植生ゾーネーションが認められる。それは，海岸側に多様性のきわめて低いイネ科のヒガタアシの草地群集が発達し，その内陸側にヒガタアシに近接して多様性の高い広葉草本の草地群集が発達している（図5−5）。そこで，高い多様性を維持するために，ヒガタアシの除去実験（removal experiment）が行われた。除去実験は，種間関係を把握する上でよく行われる実験で，除去後に除去されなかった種の成長がよくなれば，種間には競争関係が，成長が悪くなれば促進関係があったと判定できる。

ヒガタアシ草地は，外部からの種子移入を抑制し，さらに種子が侵入できても強い被陰のために実生が死滅してしまい，多くの種がこの草地に定着できないため，多様性が低くなることが明らかとなった。ところが，ヒガタアシ草地の除去後に広葉草本群集も衰退してしまった。この原因は，ヒガタアシ群集は，海から来る潮風に由来するストレスを緩和し，発達した根系により土壌移動を軽減させることで，広葉草本群集の発達を支えているためであった。つまり，群集スケール（community scale）で見るならば，ヒガタアシ群集そのものは，種間競争により他種を排除する負の作用を有するが，より広い視点である景観スケールで見るならば，ヒガタアシ群集が発達することで広葉草本群集が維持されていた。このように，ひとつの生態系の保全を図るには，スケールを変えたさまざまな視点や，周囲の生態系間との相互作用を知る必要がある。

5.7 おわりに

群集や生態系は，時間軸上でも空間軸上でも変化する。変化の大きな引き金となる撹乱の質と量は，生態系の構造と機能と深く関係している。少なくとも，生態系の保全とは，多くの場合，その地域を手つかずの状態にすることではない。中規模撹乱説で示されるように，時間的な撹乱強度の変化につ

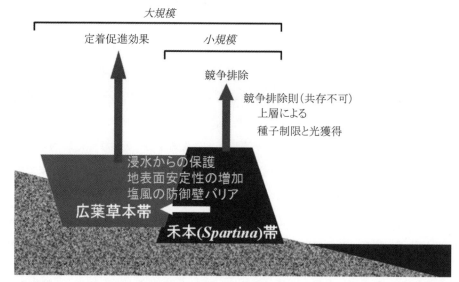

ヒガタアシ群集は，競争が激しく他種の侵入を阻害し多様性の低い草地となっているが，海からの影響を防ぐ防御壁となり，その内陸側に広葉草本群集を発達させている。従って，群集内では競争作用が強く表れるが，より大きなスケールで見れば広葉草本群集の発達を促進しており多様性を高めている。このように，スケールを考慮すると**定着促進**(facilitation)と**競争**(competition)は両立し矛盾なく説明できる

図5－5　海岸における植生ゾーネーションの維持機構

れ生態系の構造は変化する。目的が明確でないままの保全政策は，生態系の変化を促進することにもなりかねない。真の生態系保全には，その生態系の構造と機能がどのように形成されているのかを，さまざまなスケールで明らかにすることが肝要である。

現在の生活を維持しつつ人口増加が続けば「持続可能な発展」いわゆる「サステイナブル・デベロップメント」は実行できない[11]。提唱されている持続的な開発の多くは，政策目標として掲げられているにすぎない。そのようななかで，生態系保全は無駄な行為なのかもしれない。しかし，生態系が人間を支えているのは厳然たる事実であり，生態系を劣化消失させないことは人類の存続をも意味するだろう。地球温暖化の原因となる地球上最大の撹乱は，戦争という考え方もある[9]。戦争は，エネルギー資源略奪のためだけに行われ，戦争がなくなれば原発も不要という考え方もある。日本を含めた世界中の軍事費を環境保全・復元対策などに振り向けることはできないのだろうか。本章の最初の質問への答えは出せただろうか。最後に，ここで触れた点は総論的な部分であり，各論では個々の生態系の特色を明らかとする必要があることを忘れてはならない。

参考文献

1) ESA（Ecological Society of America, 米国生態学会）: The sustainable biosphere initiative : an ecological research agenda, Ecology 72 : 371-412, 1991.

2) Kurz, et al. : Mountain pine beetle and forest carbon feedback to climate change, Nature 452 : 987-990, 2008.

3) 松本忠夫：生態と環境（生物科学入門コース 7），岩波書店，1993.

4) Niiyama K. : The role of seed dispersal and seedling traits in colonization and coexistence of Salix species in a seasonally flooded habitat, Ecological Research 5 : 317-33, 1990.

5) Roberts L. : How fast can trees migrate? Science 243 : 735-737, 1989.

6) 重定南奈子・露崎史朗（編）：攪乱と遷移の自然史 ―「空き地」の植物生態学―，北海道大学出版会，pp. 258, 2008.

7) Shugart HH et al. : CO_2, climatic change and forest ecosystems. In Bolin B et al. eds. The greenhouse effect, climatic change, and ecosystems, John Wiley & Sons, NewYork, pp 475-521, 1986.

8) Tagawa H. : A study of the volcanic vegetation in Sakurajima, South-west Japan. I. Dynamics of vegetation, Memoirs of the Faculty of Science Kyushu University, Series E. 3 : 165-228, 1964.

9) 田中優：地球温暖化／人類滅亡のシナリオは回避できるか，扶桑社新書，2007.

10) Tsuyuzaki S et al. : The establishment patterns of tree seedlings are determined immediately after wildfire in a black spruce（Picea mariana）forest, Plant Ecology 215 : 327-337, 2014.

11) Wood DM[*], Morris WF. : Ecological constrains to seedling establishment on the Pumice Plains, Mount St. Helens. American Journal of Botany 77 : 1411-1418, 1990. [*]（2012年に脳腫瘍のため逝去）

12) 環境省：環境アセスメント制度のあらまし，2012.

第6章　河川流域と沿岸海域の生態系

6.1　水でつながる森・川・海の生態系

　流域に降った雨は，一部は草木に遮断され地上へと降り注ぐ。そして，浸透し地下水となり地中を流れ海域に湧出したり，伏流水となって河川に流出する。また，浸透しきれない雨水は，表流水となって斜面を流下して河川や湖沼に注がれ，河道部を流れ海域へと流出する。このような水の輸送（水循環または水文過程という）により，生物が必要とする栄養塩などの物質も水系に供給され，海へと流下していく。このような森，川，海へとつながる水と物質の連続的な流下過程で，生息に適したハビタット（生息場所）が形成され，藻類を底辺とする多様な生態系が形成され，安定した物質循環と持続的な生物生産が維持される。

　生態系の健全性は，流域の水・物質循環に大きく依存している。例えば，気候変動による集中豪雨や渇水の発生頻度の増加は，河川流量の変化とともに土砂や栄養塩の輸送量の変化を引き起こし，流域の生態系に影響をおよぼす。また，人間の社会経済活動も生態系の健全性に大きな影響をおよぼす。

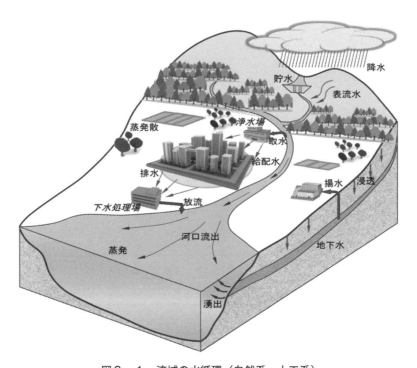

図6－1　流域の水循環（自然系，人工系）

農地造成や宅地開発などの土地利用の変化は，雨水の地下への浸透量を変化させ，河川流量ばかりではなく河川の水質をも変化させることになる。さらに，都市域では上水道や工業用水道への取水・揚水が行われ，その水は下水道を介して河川や海に放流される。このような地形的分水界（流域）を越える人工の水輸送系によっても，流域の水・物質輸送は大きな影響を受ける（図6-1）[1),2)]。

6.2 生息環境と生態系

河川生態系を構成する主たる生物は，藻類，水生昆虫（底生動物），魚類であるが，鳥類や河畔植生も重要な要素となる。自然河川では，珪藻類を主とした付着藻類が河床の石などに繁殖し，これらを餌としてカゲロウやトビゲラなどの水生昆虫が生息し，さらに上位のコイやハゼなどの魚類が蝟集する。これらの生物の生息は，河床材料（泥，砂，礫）や瀬・淵・水際形状など生息場の地質・地形環境，気温・水温・日射などの物理環境，そして栄養塩濃度，溶存酸素量，毒性物質の有無などの水質環境に依存し，その種類数や個体数，つまり生物の多様性と生産性が決定される。

沿岸海域においては，豊富な栄養塩（窒素やリン）により浮遊性の植物プランクトン（珪藻，藍藻，緑藻など）が増殖し，海域の基礎生産を担っている。浅海域では海藻・海草が繁茂し多様な生物の産卵・成育場となっているとともに水質浄化機能も有している。また，干潟には貝やカニなどの多様な底生生物が多く生息し，飛来する鳥類も含めて食物連鎖と物質循環に重要な役割を果たしている[3)]（図6-2）。

生物の生息環境の評価手法として，ハビタットの適性を評価するHEP，河川流量の変化などの影響を解析するIFIMやPHABSIM，種の絶滅リスクを評価するPVAなど，いくつかの手法が提案され改良がなされてきた[4)]。HEP（第9章参照）は汎用性を有し，生物種や生息域ともに適用範囲が広い。

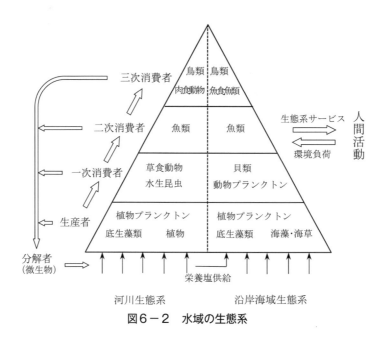

図6-2　水域の生態系

一方，IFIMやPHABSIMは水資源の開発や管理に向けて開発された手法で，河川生態系，主として魚類を対象に河川流量の変化が生態系におよぼす影響を定量的に評価するものである[5]。

このような生息環境の評価は，生息域の健全度の現状を知るために利用されるばかりではなく，新たに生息場を造成する場合の適地や構造・工法の決定にも用いられる。河川においては，生態系保全のための最小流量（河川維持流量）の決定や，生態系の回復を目的とした近自然工法による多自然川づくりにも利用される。近自然工法とは，河川が本来もっている流れと河道形状の多様性や河畔も含めたビオトープの生物多様性の回復に向けた，場の創造のための河川改修の工法である。2006年に制定された「多自然川づくり基本方針」のもと，自然と人との調和がとれた川づくりを目指しこの工法を用いた河川改修事業が全国で進められている[6],[7]。また，沿岸海域では，水環境再生に向けたアマモ場や人工干潟の造成に際して，アマモや干潟生物の生息が可能か否かを判断する，施策の意思決定のツールとしても利用されている。

6.3 物質循環と水質汚濁機構

河川や沿岸海域における生態系の健全性は，場としてのハビタットとそこに供給される栄養や餌などの物質量，そして生化学作用を含めた物質循環によって決定される。安定的な物質輸送と健全な物質循環が保たれれば，多様で持続可能な生態系が維持される。

水とともに輸送される物質は，その性状や形態により，溶存態と懸濁態（粒子態，粒状態ともいう），有機態と無機態に分類される。植物プランクトンの光合成に必要な栄養塩は，溶存無機態の窒素（DIN；硝酸態窒素やアンモニア態窒素など）や，溶存無機態のリン（DIP；リン酸態リンなど）であり，この動態が水域の水質と生態系に大きな影響をおよぼしている。また，光合成によりプランクトンに取り込まれた栄養塩や二酸化炭素は，有機懸濁態の窒素（PON）・リン（POP）・炭素（POC）に形態を変え，土砂に吸着した窒素やリンは，無機懸濁態の窒素（PIN）・リン（PIP）に分類され，出水時の栄養塩輸送に大きな役割を果たす（図6-3）。

河川においては，物質輸送は流れに支配され，出水時の土砂（懸濁態物質）の堆積などを除けば，

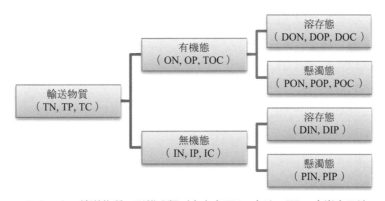

図6-3　輸送物質の形態分類（全窒素TN，全リンTP，全炭素TC）

鉛直方向よりも流下方向への物質輸送が卓越する。しかし、湖沼や沿岸域では、流動が弱いため土砂やプランクトンなどの懸濁態物質の沈降堆積が生じ、この鉛直方向の物質輸送が水域の環境に大きな影響をおよぼしている。このような海底への物質輸送は炭素循環においても重要な役割を果たしている。海域の表層では植物プランクトンや海藻の光合成によって二酸化炭素が吸収され、その枯死・沈降により海底に炭素が輸送される。このような生物を介した鉛直方向の物質輸送は生物ポンプと呼ばれ、二酸化炭素の海域固定の視点から研究が進められている（第10章参照）。

　河川水の流入や地下水の湧出、さらに沿岸施設からの排水放流により海域に流入した栄養塩（無機溶存態の窒素やリン）は、植物プランクトンの光合成に利用される。増殖した植物プランクトンは動物プランクトンや貝類に捕食され、さらに魚などの高次の生物に取り込まれ、人為的な漁獲や鳥の摂餌により水域の外へと除去される。プランクトンや魚など浮遊生態系は枯死・死滅すると海底に沈降堆積する。そして海底に生息するゴカイなどの底生生物に摂取され、最終的には微生物により分解・無機化され、再び水中へと栄養塩は回帰する（図6－4）。

一般に海洋性植物プランクトンは、以下の光合成反応により増殖する。

$$106CO_2 + 122H_2O + 16HNO_3 + H_3PO_4 \rightarrow (CH_2O)_{106}(NH_3)_{16}(H_3PO_4) + 138O_2 \cdots\cdots\cdots (6.1)$$

つまり、植物プランクトンの増殖には、炭素：窒素：リン＝106：16：1の割合（モル濃度比）で同化される。この比率のことをレッドフィールド比と呼び、一次生産の重要な指標となる。植物プランクトンの増殖により、CO_2は大気との平衡で枯渇することはないが、窒素やリンが枯渇すると、それ以上の増殖はできなくなる。窒素が枯渇した場合は、窒素が植物プランクトンの増殖の制限因子となるため「窒素制限」と言い、リンが枯渇した場合を「リン制限」と言う。珪藻プランクトンは、ケイ酸質の殻を形成するためケイ素も制限因子となる。レッドフィールド比の窒素／リン比は、同化が可

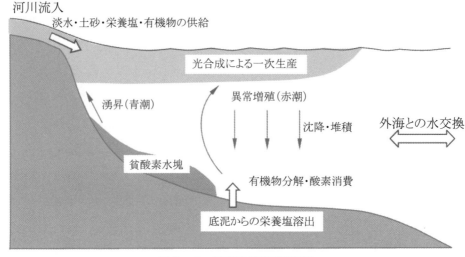

図6－4　沿岸域の栄養塩循環

能な溶存無機態のモル濃度比を表すが，種によって同化に使われる形態が異なるので解析においては注意が必要である。

　生物の生産・消費・分解がバランスし，栄養塩循環が滞ることなく健全に保たれれば，安定した生態系と漁獲が維持されることになる。しかし，高度経済成長期のように多量の人為的負荷が水域に流入し富栄養化が生じると，植物プランクトンの異常増殖（赤潮現象）が起こり，過剰に生産された植物プランクトンは，枯死・沈降し海底に堆積する。微生物による分解速度を上回る速度で堆積が進むと，海底に有機物が常に堆積した状態（ヘドロ化）が生じ，その微生物分解に酸素が消費されるため，海底では酸素が欠乏した水（貧酸素水塊）が発生し底生生物の斃死（へいし）を招く。さらに酸素の消費が進み海底が無酸素状態になると硫化物が発生する。この水塊は風などの外力により岸に沿って湧昇（青潮現象）し，沿岸生物の大量死を招く[8]。

　海底の貧酸素化が進むと，底泥から溶出する無機態リンの量が増加し，沿岸海域の富栄養化を助長し，さらなる水質悪化と生態系劣化を招く。その影響は底生生物に顕著に表れ，高度経済成長期に沿岸海域で貝類や底魚の激減が起こり，排水規制や流入負荷の総量規制などの環境施策が講じられることとなった。

6.4　負荷削減施策と水環境再生

　1960年代の急激な経済成長により社会・産業構造が急変し，陸域から流入する汚濁負荷量が激増した。その結果，都市域を背後に抱える東京湾や大阪湾など閉鎖性が強い内湾では，有機汚濁と富栄養化が進行し，水質の改善と劣化した水環境の再生に向けた法整備と施策が講じられてきた。特に，下水道施設の普及と下水処理の高度化により有機物や栄養塩の除去率が向上し，河川水質は大きく改善され，劣化した生態系の回復もみられるようになった。さらに，排水の濃度規制に加え，海域に流入するCOD・窒素・リンの総量を抑制するために実施された総量規制も，海域の水質改善に大きく寄与してきた[9]（図6-5）。

　しかし，停滞性が強く陸域負荷の流入が集中する都市沿岸域では期待されたほどには水質改善が進まず，いまだに赤潮や青潮の発生が見られる。この原因のひとつとして，長年にわたり沿岸域の海底に堆積してきた多量の有機物の分解と栄養塩の溶出現象があげられる。この底泥から海水中に回帰した栄養塩が沿岸域の基礎生産を促進し，その結果大量に発生した植物プランクトンが枯死・堆積し，

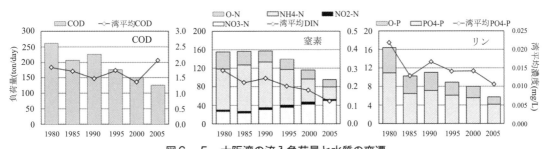

図6-5　大阪湾の流入負荷量と水質の変遷

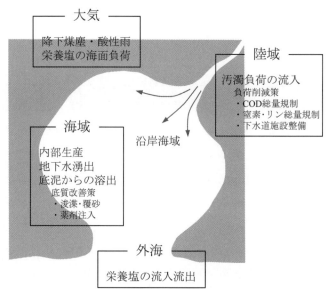

図6-6 水環境への影響因子と改善策

その分解によって大量の酸素消費と栄養塩溶出が起こるという,「負の循環」に陥っている。この循環を断つための方策として,浚渫や覆砂といった物理的手法や,底質改善のための薬剤注入などの化学的手法が一部の水域で講じられてきたが,その効果は限定的であり大きな改善はみられない(図6-6)。

このように一部の沿岸域において水質改善の鈍化が生じている一方で,近年,富栄養化対策を講じてきた瀬戸内海などでは,栄養塩不足による漁業生産の低下が指摘されはじめた[10]。その結果,2006年に策定された第六次総量規制基本方針では,大阪湾を除く瀬戸内海において,総量規制の強化は行わず現状維持の方向性が示され,これまで推進してきた富栄養化対策の見直しが図られた[11]。

水質は生物を取り巻く環境の重要な構成要素であるが,水質の環境基準達成がそのまま生態系の保全と再生を意味するものではない。生態系の保全や再生には,生物の生活史を考慮した生息場の整備が必要である。例えば,アサリは産卵後に孵化して浮遊幼生となり,流れに乗って海域を2～4週間浮遊した後,生息に適した場に着底し,稚貝となってその場で成長する。そのため産卵場の生息環境が良好であっても,浮遊幼生が着底する場の環境が不適であれば生息できない。また,産卵場の生息環境が劣化すれば産卵数が減少し,遠く離れた成育場への着床稚貝の供給数が減少し,漁獲量の低下を招くことになる。このように生物の生産性と多様性を確保するためには,生物の相互作用とともに場の関連性を考慮した生態系ネットワークの構築が必要である。

干潟や藻場は,水質浄化機能を有するとともに,陸域から海域へと連続的に生息場をつなぐエコトーンとして,重要な役割を果たしていることがわかってきた。沿岸開発に伴う埋立事業により,日本沿岸の干潟や藻場は激減し,沿岸域の自然浄化機能や生物生産性が大きく低下した。陸域負荷の増大とともに,干潟や藻場の消失が沿岸海域の水環境劣化の大きな要因と考えられる。現在,水環境の再生に向けて,人工干潟や藻場の造成が進められている(図6-7)。

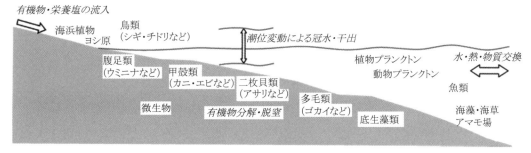

図6-7 干潟の生態系

　最近，直立護岸に代わる生物共生型の構造物として緩傾斜護岸（前面に勾配をもたせた護岸）の設置が進められている。直立護岸よりも耐震性に優れているという防災上の利点に加え，前面に形成される浅水部では底まで光が到達し，藻類が生育しやすく多様な生態系の生育・生息環境が形成される。設置された緩傾斜護岸の周辺海域において，生物量の増加も確認されている。

　水環境の再生には，水質環境基準の達成に向けた陸域負荷の量的削減施策だけではなく，栄養塩構成比や有機物組成など質的要素を考慮した対策が必要である。また，水域を「場」と捉えた物質動態の定量的把握と生態系への影響解析も必要とされる。2015年には日本の水環境施策に大きな影響をおよぼしてきた「瀬戸内海環境保全特別措置法」が見直され，「環境の保全・再生・創造」と「水産資源の持続的な利用の確保」が謳われ，日本の水環境施策は水質規制の時代から管理・制御の時代へと，いま大きな転換期を迎えている。

6.5　水質・生態系モデル

　水域における水質と生態系の動態は，物理的素過程（移流，拡散，沈降，巻き上げなど），化学的素過程（酸化・還元，吸脱着など），生物学的素過程（代謝，増殖，死滅など）によって支配される。水質と生態系の動態を解析するためには，各素過程の定式化が必要となる。これまで多くの研究により，素過程の定式化がなされ，現象解明に向けて多くのモデルが提案されてきた。水域の窒素やリン，BODやCODの時空間構造を明らかにするために，形態別の窒素，リン，炭素の収支モデルに植物プランクトンの動態を組み込んだ，低次生態系モデル（物質循環モデルともいう）がいくつか開発され，実用に供されている[12]-[15]。さらに，動物プランクトンや二枚貝，魚類，底生生物を組み込んだ，より高度なモデルもすでに開発されている。

　物質輸送を支配する以下の移流拡散方程式（物質収支方程式）に，物理的・化学的・生物学的素過程のモデル化によって得られる生成消滅項を付加することにより，対象とする物質の時空間的変動の解析が可能となる。

$$\frac{\partial C}{\partial t}+u\frac{\partial C}{\partial x}+v\frac{\partial C}{\partial y}+w\frac{\partial C}{\partial z}=\frac{\partial}{\partial x}\left(K_x\frac{\partial C}{\partial x}\right)+\frac{\partial}{\partial y}\left(K_y\frac{\partial C}{\partial y}\right)+\frac{\partial}{\partial z}\left(K_z\frac{\partial C}{\partial z}\right)+S \quad \cdots\cdots (6.2)$$

Cは物質濃度，u, v, wは流速3成分，K_x, K_y, K_zは乱流を考慮した拡散係数，Sは生成消滅項である。流速3成分は流体運動方程式から求めるが，水温や塩分の違いによる密度の成層化が無視できない水域の流動は，水温や塩分の保存式を連立させて流動計算を行う必要がある。

植物プランクトンの動態モデルでは生成消滅項は以下のように表される。

$$S = (G + k_R + k_S + k_G) \cdot P \quad\quad\quad (6.3)$$

Gは増殖速度，k_R, k_S, k_Gはそれぞれ呼吸速度，沈降速度，被捕食速度である。Pは植物プランクトンのバイオマス量を表し，通常は換算された炭素濃度やクロロフィル濃度を用いて解析がなされる。植物プランクトンの増殖速度Gは，温度，光量，栄養塩濃度に依存し，プランクトンの増殖に制限を与える。そのため，大気との熱交換や水中での光減衰の計算，そして栄養塩濃度の時空間変動を知るための水質計算もあわせて行わなくてはならない（図6-8）。

さらに高次の生態系の動態モデルを組み込むことによって，複雑な食物連鎖を伴う動態解析も可能である。しかし，実験データや観測データの不足により，解析に必要となる多数のモデルパラメータ値の設定が難しく，精度が高く有用な結果を得るのが難しい状況にある。

生物の生息環境の重要な因子である溶存酸素濃度についても，酸素の動態モデルを組み込んだ酸素の収支方程式を解くことにより，その変動や分布特性を知ることができる。大阪湾の溶存酸素濃度のシミュレーション結果を図6-9に示す。栄養塩が豊富な湾奥部では，活発な光合成により表層の酸素濃度が高い値を示しているが，沿岸部の底層では堆積した有機物の分解により酸素が消費され，生物の生息に適さない低濃度を示し，水深方向に濃度が急変していることがわかる。

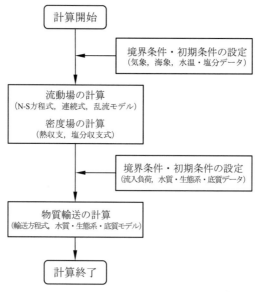

図6-8　水質・生態系シミュレーションの計算フロー

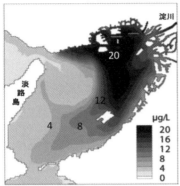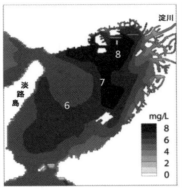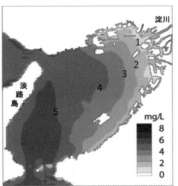

図6-9 水質・生態系シミュレーションの計算例（夏季の大阪湾）

引用文献

1) 山下洋・田中克編：森川海のつながりと河口・沿岸域の生物生産，恒星社厚生閣，2008.
2) 大垣眞一郎監修：河川と栄養塩類，技報堂出版，2005.
3) 土木学会環境水理部会：環境水理学，土木学会，2015.
4) 玉井信行・奥田茂俊・中村俊六：河川生態環境評価法，東京大学出版会，2000.
5) 河村三郎：魚類生息環境の水理学，（財）リバーフロント整備センター，2003.
6) 多自然川づくり研究会：多自然川づくりポイントブックⅢ，日本河川協会，2011.
7) （財）リバーフロント研究所：http://www.rfc.or.jp/theme04-2.html，多自然川づくり事例集.
8) 山室真澄・石飛裕・中田喜三郎・中村由行：貧酸素水塊－現状と対策，生物研究社，2013.
9) 国土交通省：http://kouwan.pa.kkr.mlit.go.jp/kankyo-db，大阪湾環境データベース.
10) 山本民次・花里孝幸編：海と湖の貧栄養化問題，地人書館，2015.
11) 環境省：http://www.env.go.jp/water/heisa/tplc.html，水質総量規制について.
12) 重光雅仁・山中康裕：生態系モデルを用いた海洋における物質循環解析，地球化学，45，日本地球化学会，2011.
13) 中山哲嚴：瀬戸内海の流動と栄養塩に関するレビューと流動・低次生産モデルの開発，水研センター研報，34，2011.
14) 楠田哲也・巌佐庸編：生態系シミュレーション，朝倉書店，2001.
15) 日本海洋学会沿岸海洋研究会編：詳論 沿岸海洋学，恒星社厚生閣，2014.
16) 永田俊・宮島利宏編：流域環境評価と安定同位体，京都大学学術出版会，2008.
17) 杉崎宏哉・他：安定同位体による新食物網解析法，水産技術，6(1)，2013.
18) 源利文・他：環境DNAを用いた沿岸域における魚類モニタリング，沿岸海洋研究，53(2)，2016.

コラム　安定同位体比

　ある特定の元素では，質量数が異なる同位体が崩壊せず安定して存在するものがある。そのような元素を安定同位体元素と呼ぶ。炭素では^{12}Cと^{13}C，窒素では^{14}Nと^{15}Nが安定同位体である。そしてその存在比率R（$=^{13}C/^{12}C$，$^{15}N/^{14}N$など）は，物理過程，化学反応，生物代謝などによって同位体の分別が生じ変化する。このような特性を利用して，その同位体元素を有する物質の履歴や起源を知ることができる。同位体の変化を把握するための指標として考えられたのが以下に示す安定同位体比であり，$\delta^{13}C$のようにδを付して千分率（‰，パーミル）で表す。

$$\delta^{13}C\ (‰) = (R_{sample}/R_{standard} - 1) \times 1000 \quad\quad\quad (6.4)$$

ここで，R_{sample}は試料の同位体比率，$R_{standard}$は国際的に定められた標準物質（PDB）の同位体比率である[16]。

　例えば，陸上植物と植物プランクトンの炭素同位体比の違いから，沿岸域に堆積した有機物の起源を推定することができる。また，生物の代謝に伴う同位体比の変化を利用して，食物網の構造解析も可能である[17]。同位体比を用いた環境と生態系の研究は近年急速に進展し，「環境DNA」とともに有効な解析手法として期待されている[18]。

第7章　生態系情報学

7.1　はじめに

「ここも日本」という昔話がある。山奥の谷間に住む親子が峠に登り，眼下の広大な平野を見て「ここも日本か」と子が驚く。親は日本はその倍もあると答える[1]。

デジタル化に象徴される技術進歩は，当然ながら伝統的な生物学，生態学にも及び，多様でかつ巨大な（ビッグ）データをもたらすことになった。現在もたらされている情報の質と量の飛躍は，件の峠越えのひとつでしかないのかもしれないが，それにしても全体像を知るだけでも今までとは違った知識や方法が必要である。本章では生物や生態系のデータをどのように扱うかという方法論（情報学）を概説する。研究や実務に直接役立つことを考え，最低限必要な事項を説明したつもりだが，漏れている部分も多いと考えられるので読者の参考のひとつとして欲しい。また全ての用語に引用や典拠がつけられなかったが，情報収集の実習として各自検索して欲しい。

7.2　生物や生態系データのライフサイクル

7.2.1　データの生産（観測・測定）

エレクトロニクスデバイス（電子機器）の発達，バッテリーの進化，ネットワークの広域化高速化などによって観測・測定，記録，保存，そして共有化が大きく進歩した。

物理量（温度など）を電気的に変換してデジタル値として記録するタイプの機器は，センサーと，センサー出力を処理する装置，処理されたデータを保存する装置の組み合わせが基本となる。デジタルカメラはその典型であり，光学情報がCCDにより電子情報に変換されデジタルカメラのマイクロプロセッサで処理され，SDカードに保存される。

生物や生態系のデータは主に野外で取得されることが多いため観測や測定に独特の困難（観測現場のアクセス・常駐，観測者の安全性確保等）があった。無人化と大量記録によってエレクトロデバイスがこれらの困難を解決し，現在急速に生物や生態系のデジタルデータが集積されはじめている。観測・測定項目を表7－1にまとめた。

これらのデジタルデータは①記録が容易であり，記録値が劣化しない，②測定を自動的に行う事ができる（単純な繰り返しだけでなく，条件判断を伴った複雑な測定をプログラムすることができる－デジカメであれば顔センサーなど），③ネットワークを通じてデータを見ることができる（遠隔で，リアルタイムで，など）という特徴がある。③はよりデータをひんぱんに「分析」し，広く「共有」することを可能とする。

表7-1 生態科学研究におけるセンサーの利用例

種類	機器・センサー例	利用例
位置，経路，加速度	GPS受信機	緯度経度，標高，観察，行動記録
光	可視光センサー，赤外線センサー	照度，日射量，表面温度
音	音声マイク，超音波マイク	鳴き声，エコーロケーション
大気	サーミスタ・熱電対（温度），湿度センサー，超音波風速計（風速）	生息場の微気象や微気候
大気質	赤外線CO_2センサー，自動大気質測定装置	光合成速度，汚染物質
水文	土壌水分計，流量計	蒸発散，魚類行動
水質	自動採水装置（TN，TP，COD，BODなど）	生息場の水文・水質環境，富栄養化
距離	レーザー計測機	樹高，バイオマス量
遺伝情報	PCR法など	生物種，系統
自動撮影カメラ	デジタルカメラ（可視光，赤外光）	出現記録，種同定，行動記録
空中撮影（ドローン）	デジタルカメラ（4K対応など）	樹高，樹種
衛星画像	光学センサー，レーザーなど	土地利用，植生，バイオマス量

7.2.2 データの種類

　有限なメモリで効率よくデータ処理するために，ひとつのデータが消費するメモリ量をあらかじめ決めて，数値範囲の大きさや文字の数を制限したデータ型というものがある。

　数値は整数と実数に分けられる。整数は扱える最大の整数が小さい順に，整数（intと呼ばれる），長整数（long），また通貨型（decimal）がある。実数表現は有効桁数を無限にできないので，有効桁数を定めた倍精度浮動小数（double）がよく使われる。

　次に文字や文は文字列（string）と呼ばれるデータ型を使用する。生物や生態系の種類などの名称で同じ文字列が多数生じる際は，名称を整数値と対応づけて（コード化），種類の情報を整数値で扱うとよい。なお日本語データをエクスポート・インポートする場合，文字をコンピュータ内部で扱うコード体系にも注意を払うとよい。JIS，ShiftJIS，EUC，UTF-8などがあり適切に処理しないと，いわゆる文字化けを生じる。

　日付や時刻もデータ型として取り扱われることが多い。その表示方法は文化に依存するため（例えば西洋の国の多くは西暦を最後に持ってくる），表示方法と記録方法（データのコンピュータ内での保存方法）は別に指定する場合が多い。グローバルなデータであれば時刻はUTC（coordinated universal time）を使うことになる。

　見落とされがちなのは「無」という意味のNULL，null（ナル，日本語ではヌル），また非数という意味のNaNというシンボルがある。これは値が0であったり，文字列が空白を示すと言うことではなく，該当データが存在しないということを示す。例えば12サンプルのうち11サンプルしか測定できなかったとする。よくある間違いが平均値を求める際に11サンプルの合計を12で割ってしまう間違いである（つまりデータが取れないサンプルの値を0としてしまう）。またデータ処理ソフトによってはnullデータを適切に扱えないため断りなくデータが消えたり，原因メッセージを示さないエラーが

生じたりして原因究明に意外な時間を取ったりする。同様にnullをサポートしないシステムではnullを表すシンボルとして9999等，その測定ではあり得ない数値で代えることがあるが，この例外値も統計処理する際に注意する必要がある。

7.2.3　データの保存・管理

電気的に取得されたデータはファイルなどで通常保存される。例えば時系列のデータであれば，日時，測定値を記した表ファイルである。CSV（comma-separated values）形式と呼ばれ，カンマで区切られたテキストファイルが使われることが多い。表計算ソフト，例えばExcelで開くこともできるが，テキストエディタ，例えばWindowsのメモ帳で開くことができる。

これらデータの利用可能性をより高めるよう，観測データそのものだけでなく観測の状況など補助情報（メタデータ）をデータファイルへ埋め込んだり，関連づけする場合がある。例えば携帯電話などのカメラで記録されたファイルには日時だけでなく撮影した機種名，絞りなど情報が付加されている。

自動測定されたデータは膨大なものとなり，ファイルの大きさも数も相当なものとなる場合がある。例えば秒単位で測定されているデータを想像すると理解できる。大量のデータを整理し検索するにはデータベース（DB；data base）とそれを管理するデータベースマネジメントソフト（DBMS；DB management system）を利用するとよい。表計算ソフトでも同じ操作が可能であるが，扱えるデータ量や機能に制限がある。現在主に使われるDBMSはRDBMS（relational-DBMS）が主であり，これはデータベースの単位が，データ本体とインデックスを組み合わせた表となり，さらに複数の表をインデックス等で連関（relation）させて分析を行う。データベースからデータを引き出す際には問い合わせ（クエリ；query）を，SQLと呼ばれる一種の言語による文で行う。MS-Accessにはクエリをビジュアルに作成する機能がある。自動作成されたSQL文を見ることでSQL言語を覚えるのにも便利である。しかしAccessは 2 GBまでのデータサイズの制限がある。SQL言語の仕様はそれを使用するDBMSソフトによって詳細が異なることがあるので注意が必要である。フリーのDBMSとしてMySQL，PostgreSQL等がある。

7.2.4　データの共有

生物や生態系のデータを広く研究者・実務者間で共有することは，1 研究者や 1 研究グループが取得可能なデータの量と質を補い，また基本的と考えられるデータの再生産を防ぐために重要である（例えば全ての研究者がいちいち基本測量をしたりする必要はない）。

地理情報などのデータは表 7 − 2 に示すようにさまざまなデータが公開されており，オープンデータ化，オープンアクセス化の流れを受け，徐々に無料で公開される方向にある。同様に生物，生態系のデータもインターネット上で，ダウンロード可能なファイルまたはデータベースの形で公開されている。より専門的な国内・国際的なモニタリングデータの共有枠組みの情報については文献 5 ）を参照されたい。

表7-2　国内における自然・社会に関する地理情報源

名称	提供源
基盤地図情報	国土地理院
電子国土基本図	〃
国土数値情報	国土交通省国政策局
水文水質データベース	国土交通省水管理・国土保全局
地図で見る統計（統計GIS）	独立行政法人統計センター
J-IBIS	生物多様性センター
細密数値情報（10mメッシュ）	日本地図センター（有償，主な圏域のみ）
各種メッシュ統計	統計情報研究開発センター，経済産業調査会経済統計情報センター等（有償）

　生物や生態系のデータを共有，つまり観測に関わっていない「他人」が使えるようにするには，メタデータが必要である。共有のため，どのような情報が必要なのか（観測者，観測地，日時など），どのように記載するかについて，国際的な取り決めが必要となる。現在はDarwinCoreやEML等が提唱され，上述のデータベースで使用されている[2]。メタデータが付属することによって，最近のソフトウェアではメタデータなどを使って，インターネット上で直接データをダウンロードし，ソフトウェア内で使用する場合もある。

7.2.5　データの消費

　自ら観測したものとネットで公開されているデータなどを混在させ，目的に従って，もっとも身近な表計算ソフトから，統計パッケージソフト，あるいは特殊な目的につくられたソフトウェアによって加工，変換・分析，可視化が行われる。

　完璧なデータは存在しないので，場合によって誤りや欠測と呼ばれるデータの穴がある。不完全性がないか必要なデータを一つ一つグラフ化や地図化して目視確認することをお勧めする。不適切なデータが存在する場合は基準を決めて除外し，生じたあるいはもともとのデータの欠損は補完したりする。不完全なデータが混在したまま解析を先に進めると，このエラーが見つけにくくなり，原因がわからないまま全体の推定精度を損なう場合がある。

7.3　地理情報の解析方法

7.3.1　GISとは

　地理情報システム（geographical information system;GIS）はさまざまな地理情報を表示・解析するためのソフトウェアである。研究対象地域を図示するような簡単な使い方から，内蔵されているツールあるいは外部の統計ソフトなどと連携して，シミュレーションを行うなど幅広い使い方があり，地理学だけでなく理学や農学，工学の土木や建築などの分野でも必須のツールとなってきた。

　ArcGISをはじめとして，フリーソフトではQuantum GIS（QGIS），MANDARA，GRASS，またよ

り手軽なフリーソフトとしてカシミール，Google Earthなどが挙げられる。衛星画像処理や写真測量といった専門性の高い研究・業務を行うソフトウェア（IMAGINE，ENVI等），あるいはある機能だけに特化したツール類など幅広く存在する。後者はGISソフトに組み込む場合とスタンドアローンで実行する場合（それ以外のソフトウェアは不要）がある。本節ではGISソフトウェアに共通して搭載されている機能を意識して解説するが，具体的な説明についてはArcGIS（バージョンは10）を取り上げる事とした。

7.3.2　地理情報の表し方

GISで研究を進めるにあたって，「どこ」に「なに」が「どれぐらい」あるかということに特に注意を払うことになる。

GISは建物をこえた大きなスケールを扱うので，「どこ」という情報は地球全体で使える座標－緯度（南北）と経度（東西）によって表すのが基本となる。しかし地球は完全な球体ではないので，どのような地球の形を採用するかによって（実際の地球の表面は細かなでこぼこがあるので，近似した形となり，楕円体が用いられる），同じ場所でも緯度経度は異なってしまう。かつて日本では明治期の測量を元とした日本測地系（ベッセル楕円体）を採用していたが，現在では国際的にも通用する世界測地系（GRS80楕円体）を採用している（*用語の混乱があり日本測地系がどちらを指すか不明なこともある。英語略称であるJGD2000 あるいは東日本大震災による地殻変化に対応したJGD2011という表現が混乱が少ない）。測地系を変更する法の施行（平成14年）以前の地図などは日本測地系であるため，データを重ね合わせるときにはデータをどちらかの測地系へ変換する必要がある。
なお，楕円体GRS80は，GPS受信機で一般に採用されているWGS-84座標系とほぼ同じである[8]。

GISは地理情報を平面で表示することが基本であるため，曲面上の形を緯度経度を使って平面に表示させるとゆがむことになる。曲面上の形，長さや面積精度が損なわれないように平面で作業するには，地球のごく一部の曲面を平面に投影すると比較的ゆがまず，精度も保たれる。投影座標と呼ばれる地球の曲面を平面へ投影し座標を決める方法はさまざまに考えられるが，代表的なものとしてはユニバーサル横メルカトル座標（UTM），また日本国内の測量で用いられる平面直角座標系がある。地球上の任意の点を，地球表面の一点と接した平面へ投影した際の平面におけるxy座標として表す（接点が座標系原点となる。東西がx軸，南北がy軸）。これらの座標系で平面に投影された対象の長さや面積は，ごく狭い範囲であれば十分な精度で計算可能となる。投影座標のデータは，測地系によって座標が異なってしまうので投影法だけでなく測地系の確認も必要である。

7.3.3 地理情報の種類(ベクター,ラスター)

「どこ」が表現できると,次に「なに」や「どれぐらい」を地理情報として表すにはどうすればよいだろうか。いろいろな方法があるが,ここでは2つの方法を取り上げる。「なに」や「どれぐらい」はプロパティ(属性)と呼ばれる事が多い。

(1) ベクターデータ

対象物(オブジェクト,フィーチャー)の地理座標に対して属性を記録してゆく方法である。これらはベクターデータと呼ばれる。対象物は点(ポイント)であれば座標ひとつ,線(ライン,ポリライン)や面(ポリゴン)であれば座標のリストとなる。ベクターデータの利点は座標表現なので位置精度が常に保たれることであるが,大量の座標をディスプレイに表示するには表示処理負荷が重くなるという欠点がある。建物の位置,海岸線や行政区域,道路,河川などがベクターデータで取り扱われることが多い。

位置決めされる点や線,ポリゴンなどに対して,「なに」や「どれぐらい」という属性情報が紐づけされる。生物が目撃された場所であればポイント,どのような範囲にどのような種類の植生が存在するであれば,ポリゴンの位置情報が対応する。ひとつのベクターデータに対して属性は数値がひとつでもよいし,組み合わせでもよい。例えば自然公園の境界を表したポリゴンデータの属性例として,国立公園の名称,種類,面積,などが考えられる。通常のGISでは地理情報と共に,これらは表として扱われる。

ベクターデータとしてGISでよく使われるファイルフォーマットとしては,シェープファイルがある(*ESRI社のフォーマット。ファイル拡張子shp以外の複数の同名で別拡張子ファイルへ補助情報が記録されるのでコピーするときはフォルダごとコピーするとよい)。ポリゴンの一種にメッシュと呼ばれる碁盤目のような形のデータがあるが,後述するラスターとは異なる種類のデータである。ベクターデータは対象物の形の種類ごとに1ファイルをつくる。ポイントのファイルであれば,一点だけ,あるいは複数の点が記録されているが,同時にラインやポリゴンが入ることはない。GISでは形の種類を混在させず,後述のように重ね合わせをして別に地図ファイルを作成する。

(2) ラスターデータ

もうひとつはある座標範囲で均一なグリッドをつくり,グリッド交点の値を記録する方法である。ラスターデータと呼ばれ,なじみのあるものとしてはデジタル写真の画像ファイルがある(GISでも直接読み取ることができる)。利点としては面的な対象の表現や分析に簡便であること,欠点としてはデータ量が大きくなりやすいこと,グリッドの間隔をあらかじめ決めなくてはならないので,それによって解像度が決まってしまうこと,従って位置の精度がグリッドのきめの細かさに依存するなどがある。

ベクターデータと異なり,ラスターデータはグリッド一点に対してひとつのデータを記録する。土壌や植生などカテゴリーデータでは,カテゴリーをコード化(整数値を対応)させ記録する。気温や植生の高さなどの数値(連続量)のデータはそのまま実数値が使われる。

ラスターデータのファイルフォーマットとしては，テキストファイル形式ではアスキーラスターファイル，バイナリファイル形式ではGeoTIFF（TIFF形式画像にメタデータとして地理情報がついている）やソフトウェアメーカー独自形式が多い。異なるフォーマット間でGISソフトで変換，あるいはフリーの変換ソフトが用意されている。

7.3.4 データ源

生物，生態系のデータを扱うには自然環境や人文地理などの幅広いデータが必要となることが多い。表7-2に主なデータ源を示した。このなかで国土数値情報が無料のデータ源として主なものではあるが，データの更新が必ずしも均一でなく，古いデータも残っていることに注意が必要である。

国内では生物，生態系のデータは生物多様性センターから豊富に提供されているが，例えば植生図であれば古い調査年と新しい調査年が重ね合わせた状態で提供されている（つまり全て現況とは限らない）し，また動物の在データは比較的粗い5kmメッシュで提供などの難点がある。

グローバルなデータは本章末尾の文献5）を参照して欲しい。また膨大な量のデータが行政機関や大学・研究機関に眠っているものと考えられる。直接問い合わせ，データの有無を確かめるなどの作業も繁雑であるが必要と言える。

7.3.5 GISの基本操作

GISソフトの操作は画像編集ソフト，CADソフト（computer-aided design）などと類似しているところが多いが，全てのデータは地理情報によって固定されているので，「ちょっと動かす」などの操作が意外と難しかったりする。またユーザー数が多くなったとは言え，製品テストが隅々まで行き届いていないと思われる事も多い。意図しない動作や誤動作はマニュアル，ネットでよく調べた上で，ユーザーサポートに問い合わせる，GISソフトコミュニティの掲示板で質問するということも必要かと思われる。ユーザーの勘違いと言うことも度々あるが，質問することで簡単に解決することも多い。

webベースのGISインターフェースは，該当するwebページを開くことによって表示されるが，デスクトップベースでのGISソフトは複数のデータを同時に扱うため，それぞれのデータをひとまとまりの地図ファイルとして扱う。

新しく地理データを作成する，あるいは既存のデータを編集する場合は，編集モードに切り替える必要がある。画像などを元に点や線を入力してゆく。座標がわかっている場合は，座標を入力することになる（測地系，座標系に注意）。近接した対象物を頼りに点を入力する場合はスナップ機能を有効にするとよい。表示されている他の対象の点にカーソルが自動的に吸着（スナップ）される機能である。

古い地図をスキャンしてベクター化することもよく行われている。スキャンした画像を背景として点などを打ってゆくのが確実な方法であるが，画像処理ツールを使って線などを抽出することもできる（ArcGISであればArcScan，R2Vというスタンドアローンソフトもある）。自動認識された線は誤

判読される場合もあり，最終的な目視確認，修正作業は欠かせない。

GISは投影座標系が異なっていても，変換操作を意識せずに重ね合わせ表示ができる。測地系の違いも一部のソフトでは自動的に変換してくれるようになった。しかしGISの応用的な操作（測る，予測する）では，座標が異なったままでは動作しないことがある。そのため，これらの自動的な機能はあくまでも目視確認用と考え，解析に使用するデータは同じ座標に変換するなどの前処理をしていた方がよい。その方が，後々の処理がスムーズとなり時間の節約にもなる。

また一部のダウンロードしたデータには，例えば「世界測地系,地理座標」と書いてあっても，シェープファイルに座標の定義がしていないことがある。その場合はGISソフトを使って地理座標を一度定義する必要がある。もちろん自分で新たに作成するデータであれば座標を定義する必要がある。

以降，初心者を想定してESRIジャパン社のArcGISの操作方法を記すが，他のソフトでも類似しているので参考にして欲しい（図7－1）。なお操作法はひとつと限らずメニューを使う方法，ツールバーを使う方法，右クリックを使う方法などさまざまであるが，ここでは比較的よく使われる方法を記した。

既存の地図を開く場合は，地図ファイル（mxd）を他ソフトと同様にエクスプローラー，またはメニュー「ファイル→開く」で開く。新規地図はテンプレートが表示されるが，「空のマップ」を選択するとよい。

既存あるいは新規の「地図」にシェープファイルを追加するとレイヤーとして扱われる。メニューの「ファイル→データの追加→データの追加」か，カタログというエクスプローラーと類似したウインドウからドラッグアンドドロップで開く。シェープファイルはエクスプローラーからは直接開けない。カタログウィンドウはツールウィンドウとして右端に収納されている場合がある（メニュー「ウィンドウ→カタログ」でも開ける）。カタログウィンドウはあらかじめフォルダを登録しないと表示されないので，「フォルダの追加」ボタンを押して，使用したいフォルダを登録する。登録されたフォルダは以降自動表示される。

レイヤーごとの表示（前後）順があり，「コンテンツウィンドウ」で操作する。リストの上に置かれるものほど手前にあり，表示が優先される。チェックボックスで表示・非表示が切り替えられ，不要なレイヤーは

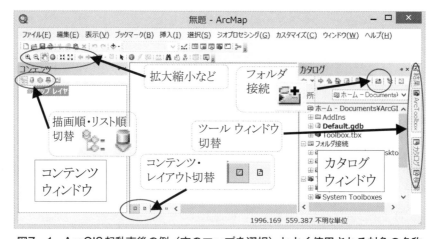

図7－1　ArcGIS起動直後の例（空のマップを選択）とよく使用される対象の名称

削除可能である（もともとのファイルは削除されない）。なおコンテンツウィンドウはレイヤーだけ（レイヤー順）と，全データを表示する（リスト順）とを切り替えることができる。

　コンテンツウィンドウのレイヤーをダブルクリックすると，レイヤーのプロパティが変更できる。表示色，表示方法（シンボル，実線破線，線の太さ）を変えられるだけでなく，属性値に応じて表示色を変更できる。2色グラデーション，複雑なグラデーションとがソフト内部で用意されている。また属性値を対象物付近にラベルとして表示可能である。新規地図には座標系が設定されていないので，「マップレイヤ」をダブルクリックして座標系を設定するとよい。レイヤー名の前の＋記号によって凡例を表示したり隠したりできる。

　中央のウィンドウにレイヤーが表示され，拡大縮小，移動を行うことができる。うっかり表示をずらしてしまった場合でも，前の位置に戻せるようになっている。レイヤー全体，地図全体を表示させることも可能である。ウィンドウは，データビューと呼ばれる解析時に使う表示と，印刷レイアウトを確認するレイアウトビューがあり，左下のボタンで切り替える。印刷レイアウトでは方位記号（どちらが北か），凡例（色などがどんな対象に対応しているか），縮尺（地図上の長さと実距離の対応），グリッド線（等緯度線，等経度線）などを入れることができる。

　レイヤーの属性は表として表示させることができる。コンテンツウィンドウのレイヤー名を右クリックし，「属性テーブルを開く」を選択する。

　GISではCSVなどの地理情報を持たない表データを地図内に挿入することができる。コンテンツウィンドウ（リスト順）に表示されるが，表示順のコンテンツリストとレイヤーは表示されない。表データは属性テーブルと同じものとして扱われる。データ名を右クリックするとさまざまなメニューが表示される。表データに緯度経度情報がある場合はそれをポイント表示させることができる（フィチャークラスの作成→XYテーブルから）。

　属性テーブルは，ArcGISのリレーショナルデータベース機能の一部と考えてよい。属性テーブル同士を関係づけるには，コンテンツウィンドウ（リスト順）で結合する元のレイヤーを選択し，右クリックメニューから「表の結合」を選択する。そして表示されたダイアログボックスにて元の表のインデックスと，結合させたい表で対応させるインデックスを選択する。以降，結合されたレイヤーの属性テーブルは，結合した属性テーブルが表示される（従って，その属性値によってシンボルを変えることができる）。

7.3.6　GISソフトの応用操作

　GISソフトは地図の表示だけでなく，それに付随した空間的な計測・計算が可能である。あるポリゴンに囲まれた点の数をカウントするというような，誰でも使いそうな基本的な機能がそろっており，それらを組み合わせて目的に合わせた処理を行う。ファイルや対象物が多い場合，繰り返す場合はスクリプトやビジュアルなモデラーを使うこともできる。表7－3に基本的な操作についてまとめた。例によってArcGISでの具体例であるが，他のGISソフトでも類似した機能が存在する。

表7-3　ArcGIS 10シリーズにおける主な操作

項目	操作	使用方法、注意など
オブジェクト	選択	オブジェクトの選択はツールバーの「選択」を押して対象をクリックする、対応する属性テーブルの行も選択される。選択範囲をドラッグで囲ってもよい。選択を解除するときは「選択→選択解除」
	空間検索	メニューの「選択→空間検索」によって2以上のレイヤーに含まれるオブジェクト同士における空間的包含などの関係によって検索する。
	ジオプロセシング	メニューの「ジオプロセシング」を選択。マージ、ディゾルブなどシェープファイルの編集を行うことができる
	ジオリファレンス	衛星画像やスキャンした地図画像などのラスター位置合わせ。「カスタマイズ→ツールバー」からジオリファレンスのものを表示させて行う。調整結果をファイルで保存したいときは「レクテファイ」を実行する
属性	属性検索	属性テーブルのメニューから「属性検索」。属性検索を行うと対応するオブジェクトも選択される
	属性操作	属性テーブルは表計算と類似した一部操作を行うことができる。あるシェープファイルに新しい属性値をつくるには列(フィールド)を追加する。列を選択し右クリックすると、属性値同士の計算や面積などの計算をその列に代入できる。列は削除できる。以上の作業は完了と同時にシェープファイルも変更される
ツールボックス	データ管理	数多くのツールが登録されているが、「投影変換と座標変換」(座標定義はここからもできる)、「一般」が使用頻度が高い
	解析	「近接」の「バッファ」や「最近接」等がよく使われる
	変換	フォーマットの変換、特に「ラスタへ」「ラスタから」の変換
	Spatial Analyst	オプションツールであるがラスターの解析では必須。よく使うのは「ゾーン」「マップ代数演算」「多変量解析」「抽出」「近傍解析」。「カスタマイズ→エクステンション」であらかじめ使うことを指定する必要がある

7.4　データを元にした推定と予測

7.3では空間情報とGISソフトの利用について特に解説したが，空間情報も持たないデータとあわせて，より高度な分析が必要であることが多い。ここでは生物・生態系のデータ処理に関連したモデル・ツールを解説する。

7.4.1　統計解析

Excelでも基本統計などの解析が行えるが，重回帰などのちょっとした分析にはExcelアドインソフトが便利である。「Excel統計」などは有料だが気軽に使える。

より進んだ統計解析にはSPSSやSAS等の商業ソフトと並んで，フリーの統計解析ソフトであるRもよく使われている。Rでは全ての統計解析はExcelの関数のような形で分析する（コマンドラインを使う）ので敷居は高いが，インターネット上のコミュニティやチュートリアルはそろっている。

7.4.2 空間情報解析

生物種の在不在データと環境条件を空間的に解析して生息場を推定するソフトはさまざまあるが，最近はMaxentが注目されている．生物種の在データのみから生息場が推定できるのが利点である．

社会経済的な条件も含め生物多様性，生態系の保全地域を推定するソフトとしては，Zonation, C-Plan, Marxanなどがある．

7.4.3 生態系シミュレーション

本書の他の章とも関連して，例えば個体の成長や行動，生態系全体の物質循環や遷移などをシミュレーションするモデルがある（本章では紙幅の関係で詳しく説明できないが，これらの多くは公開されており，著名なものはマニュアルなどが整っている．

7.4.4 生態系サービス

後章で詳説されるが，生態系の機能やバイオマス生産が人間社会にもたらす恩恵（一部，被害）について評価する研究がはじまっている．InVESTはこの生態系サービスを可視化するソフトとして最初のものであり，数は少ないが現在ARIES, TESSA, SolVESなどがリリースされている．またソフトとしてリリースはしていないが，参考文献7）ではGISによる簡単な方法を使って都市域の生態系サービスの可視化の方法を提供している．

7.5 展望

技術革新などによって，生物・生態系のデータが近年容易に大量に取得可能となり，それと共にさまざまな種類の分析ツールも比較的容易に使うことができるようになった（これはネット上でのチュートリアルなどが充実し実際に使えると言うことを示唆している）．

これらから倫理的，社会的リスクを生じ，早急な対策が求められている事も指摘したい．例えば希少種の情報の漏洩による種や生態系への負の影響，オリジナルデータ作成者の著作権をどう守るか，情報量の格差による社会的格差の助長などである．

最後に，人工知能に代表されるように，ビッグデータを対象としてまったく新しい解析が試されはじめている[5]．また生命は周囲の環境情報を取得し処理し，その処理装置自体を進化させながら，生き残ってきたことを指摘できるだろう．生命に関するビックデータを，生命自体が情報処理していることを積極的に認める観点から研究することも可能である（進展中の議論として6)・4)，古典としては3)・4)を参照して欲しい）．以上のように本章において説明し切れなかったまったく新しいアプローチも可能になっていることを最後に指摘したい．

参考文献

1) 宇井無愁：日本の笑話，角川書店，p.76，1977.
2) 鷲谷いづみ・西廣 淳・角谷 拓・宮下 直：保全生態学の技法，東京大学出版会，2010.
3) ユクスキュル，クリサート：生物から見た世界，岩波書店，2005.
4) ホフマイヤー：生命記号論，青土社，2005.
5) 大場真：生態系研究におけるビッグデータの動向と学際研究の可能性，人口知能学会誌，誌28（4）：559-516，2014.
6) 大場真・平野高司・高橋英紀：変動する入力に従って動的に可変なフレームワーク（ダイナス キーム）の可能性，生物と気象，4(3-4):119-129，2004.
7) Ooba, M., Hayashi, K., Suzuki, T., Li, R.：Analysis of urban ecosystem services considering conservation priority, 6-2:74-80, International Society of Environmental and Rural Development, 2015.
8) 国土地理院：http://www.gsi.go.jp/sokuchijun/datum-main.html，日本の測地系．

第8章　生態系と人間社会の軋轢

8.1　生物多様性の危機

2001〜2005年にかけて行われた国連のMA（Millennium Ecosystem Assessment；ミレニアム生態系評価）によると，生物多様性の損失が私たちの暮らしや経済にも大きな損失を及ぼしていると示されており，国際社会において急速に失われていく生物多様性への危機感がある。「生物多様性国家戦略2012−2020」[1]によると，生物多様性の消失の原因として，「人間活動や開発による危機」，「自然に対する働きかけの縮小による危機」，「人間により持ち込まれたもの（外来種や化学物質）などによる危機」，「地球環境の変化による危機」の4つの危機に整理し，これらの危機に対して，国内あるいは地球規模でさまざまな対策が講じられてきており，効果が見られているものもあるが，これらの危機は依然進行しているとしている。

8.1.1　生物多様性とは

生物多様性（biodiversity）の定義はさまざまであるが，1992年に成立した生物多様性条約（Convention on Biological Diversity）では，生物多様性とは「全ての生物（陸上生態系，海洋その他の水界生態系，これらが複合した生態系その他生息または生育の場のいかんを問わない）の間の変異性をいうものとし，種内の多様性，種間の多様性および生態系の多様性を含む」と定義されている。現在，「生物多様性」は「種内の遺伝的多様性」（生物多様性条約の「種内の多様性に対応し，「遺伝子の多様性」ともいう），「種の多様性」（＝種間の多様性），「生態系の多様性」という3つのレベルで捉えられることが多い。

（1）遺伝的多様性

遺伝的多様性は，同じ種，同じ個体群内であっても，それぞれの個体によって遺伝的に違い（変異）があることを意味している。遺伝的な変異は，有性生殖をする生物であれば，親の配偶子形成（卵形成や精子形成）において相同染色体の組み換えが生じるため，同じ両親から生まれる子にも遺伝的多様性が生み出される。同じ種であっても，生息する地域や環境が異なる個体群の間には遺伝的な変異が生じている。遺伝的変異はさまざまな形質の表現型として現れる。蝶やテントウムシ類の斑紋の変異などはよく知られた変異であるが，他にも，ウィルスや細菌に対する耐性やゲンジボタルの発光間隔の変異，免疫機構や生物の繁殖行動などにも表れ，遺伝的変異は環境への適応力や生存率などに関わっているといえる。さらに，遺伝的な多様性の高さは種や個体群の存続の可能性を高め，長期的に

は種の進化につながる可能性がある。すなわち，遺伝的多様性は種の多様性の原動力であるともいえる。

（2）種の多様性

世界には細菌類，プロチスタ（原生生物），植物，菌類，動物などさまざまな生物が存在しており，記載された種は約190万種，まだ知られていない種を含めると約800万種から1,500万種とも見積もられている[2]。

種の多様性とは，ある生物群集における種の豊富さ（種数）を意味するとともに，それぞれの生物種が同じ資源（食べ物や住み場所）を巡って争う競争関係，食う食われる関係（捕食関係），寄生関係や双利関係など相互に作用し合いながら，種間関係のネットワークで結ばれて共存していることを意味している。この生物間の相互作用や，多様な生態系がつくり出すさまざまなニッチ，生物と環境との作用・反作用そして遺伝的変異などによって種の多様性が生まれているといえる。

種の多様性が高いと生態系を安定に保つことや，生産性などの生態系機能を高くなるということが知られており，そのメカニズムについても実証的な研究が進んでいる[3]。生態系における敵対関係と相利関係の比率と生態系の安定性との関係を数理モデルで解析した研究によると，両方の種間関係が適度に混ざり合うことで，複雑な生態系が維持されやすくなることがわかり，種間関係の多様性により生態系が維持されることが示唆されている[4]。

（3）生態系の多様性

生態系とは，ある地域に生活する生物群集と非生物的環境によって構成され，相互に作用を及ぼしあいながらひとつのまとまったシステムのことであり，その空間的スケールや質によってさまざまに定義される。例えば，陸上生態系，水域生態系などから，森林生態系，干潟生態系，サンゴ礁生態系，里地里山生態系のようないくつかの生態系がモザイク状に含まれるものまで，あるいは水溜まりのような一時的なものまで生態系として捉えることができる。生態系の多様性とはこのようなさまざまな生態系が形成されていることを意味している。

8.1.2 生物多様性の危機

約40億年の生命の歴史のなかで，化石が残りやすい生物が多く出現したのが約5.5億年前のカンブリア紀で，この時代以降に短期間で生物が大量に絶滅した境界（古生代／中生代境界と中生代／新生代境界）があり，生物大量絶滅と呼ばれている。この生物大量絶滅は5回あり，現代は6回目の生物大量絶滅の時代といわれている。そして，その6回目の絶滅は今までの自然な絶滅速度に比べ約100～1000倍速いと推定されている。引用文献5）によると，生物多様性の主要構成要素である生態系，種，遺伝子の全てにおいて生物多様性の損失が継続していることを示す兆候が多数存在していることが報告されている。

生物多様性の損失を直接的に加速させている主な要因は，生息地の損失と劣化，過剰利用と非持続

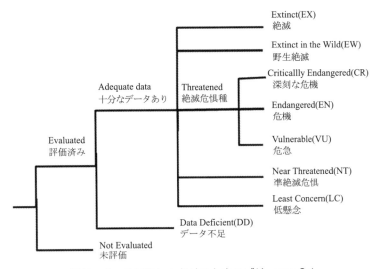

図8－1　IUCNレッドリストカテゴリーver.3.1

可能な利用，過剰な栄養素の蓄積等による汚染，侵略的外来種の侵入拡大などである。気候変動の強さは，変化していないか，あるいは増加しており，このまま損失が継続し，生態系がある臨界点をこえた場合，生物多様性の劇的な損失とそれに伴う広範な生態系サービスの低下が生じる危険性が高いとしている。

（1）レッドリスト

　レッドリスト（red list）は絶滅が危惧される野生生物のリストで，IUCN（International Union for Conservation of Nature；国際自然保護連合）の基準に従って国・地方（日本では都道府県）ごとに作成される。レッドリストは，図8－1のようにカテゴリー分けされる。EXはすでに絶滅した種，EWは野生では絶滅したが保護下の個体が残る種である。絶滅危惧種は危険度が高い順に，CR，EN，VUである。

　表8－1に，絶滅危惧種の判定基準を示す。判定は個体群サイズ，出現範囲，占有面積などの調査に基づき，客観的に判定される。ここで個体群サイズは，繁殖が可能な成熟個体の数である。出現範囲は分布地点を包含する連続した面積，占有面積は出現範囲のなかで実際に生息している面積である。個体群サイズが小さいか減少率が大きい種は，危険度が高い。小さい集団でも周囲の集団との間で個体の移入がある場合は絶滅確率が低下するが，このような相互移入可能な集団の集合を，メタ個体群（metapopulation）という。逆にほとんど交流のない集団をIUCN基準では下位個体群といい，出現範囲内の個体が下位個体群に隔離された状況を強度の分断という。

（2）種の多様性の危機

　IUCNによると，ICUNが約80,000種の生物をレッドリストのカテゴリー（図8－1）と基準を用いて評価した結果，2015年時点で，約30％が絶滅の脅威にあり，その主な原因は，生息地・生育地の破

表8－1　IUCNレッドリストカテゴリーの判定基準の概要

基準	指標	深刻な危機（CR）	危機（EN）	危急（VU）
A	個体群サイズの縮小率が	10年間あるいは3世代で80％以上	10年間あるいは3世代で50％以上	10年間あるいは3世代で30％以上
B	出現範囲が または 占有面積が	100km²未満 10km²未満	5,000km²未満 500km²未満	20,000km²未満 2,000km²未満
C	成熟個体が かつ 減少率が	250未満 3年間あるいは1世代で25％以上	2,500未満 5年間あるいは2世代で20％以上	10,000未満 10年間あるいは3世代で10％以上
D	成熟個体が	50未満	250未満	1000未満
E	絶滅確率が	10年間あるいは3世代で50％以上	20年間あるいは5世代で20％以上	100年以内に10％以上

1．表に示した他に，原因の特定，分布地点数，下位個体群への強度な分断，連続的減少，極端な変動などの条件により細かい規定がある
2．「○年間あるいは○世代」は，どちらか長い方を選択する

壊，外来種の侵入拡大，不法な野生生物の取引，環境汚染そして気候変動としている[2]。

日本では，2004年に公表された環境省レッドリストによると，絶滅のおそれのある種の種数は2,663種であり，2015年の環境省レッドリストでは，動物（哺乳類，鳥類，爬虫類，両生類，汽水・淡水魚類，昆虫類，貝類，その他無脊椎動物），植物Ⅰ（維管束植物）・植物Ⅱ（蘚苔類・藻類・地衣類・菌類など）の10分類群において，絶滅のおそれのある種（絶滅危惧Ⅰ類，Ⅱ類）が3,596種と900種以上増えている。2015年の評価対象種のうち絶滅のおそれのある種に選定された種数の多い分類群は，爬虫類（約37％），両生類（約33％），哺乳類（約20％）などである。

生物多様性の傾向を表す指標として「レッドリスト指数」（red list index；RLI）と「生きている地球指数」（living planet index；LPI）がある。RLIは生物多様性の傾向を表す指標として，種のセット（例えば特定の分類群，特定の地域の生息種等）の絶滅リスクの傾向を包括的に測るものである。RLIの算出は，IUCNレッドリストでEX，EW，CR，EN，VU，NT，LCのカテゴリーに分類されるものを対象としており，次式で計算する。

$$RLI_t = 1 - \frac{\sum_s W_{c(t,s)}}{W_{EX} \cdot N} \quad \quad (8.1)$$

ここで，RLI_t はある時点 t におけるレッドリスト指数，$W_{c(t,s)}$ は時点 t における種 s のカテゴリー C の重み，W_{EX} は絶滅の重み，N は評価対象種の種数（現時点における情報不足とみなされた種を除く）である。各カテゴリーの重みは，EX・EW＝5，CR＝4，EN＝3，VU＝2，NT＝1，LC＝0である。RLIの値が1.0である場合，あるグループの全ての種が「軽度懸念」，つまり，近い将来に絶滅に至るとは予想されていないことを表しており，値が0であれば，グループの全ての種がすでに絶滅したことを表している。

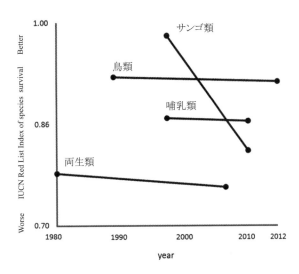

図8-2　レッドリスト指数RLIの変化の表示例

　RLIの変化を表すグラフ例を，図8-2に示す．長期間にわたって指数が一定の数値を示している場合は，種の絶滅リスクが一定レベルに保たれていることを表し，生物多様性の損失速度が減少しているなら，この図の線が右上がりになる．GBO-3[5]によると，RLIによる絶滅リスクについての十分な評価が行われた全てのグループでは，ますます絶滅のおそれが高まっていることが明らかになっている．近年，両生類は最大の絶滅のリスクに面しており，もっとも急速に状況が悪化しているのはサンゴ類であるとしている．

　「生きている地球指数」（LPI）は，1997年にWWF（World Wide Fund for Nature；世界自然保護基金）がUNEP-WCMC（UNEP-World Conservation Monitoring Center；国連環境計画世界自然保全モニタリングセンター）と共同ではじめたプロジェクトである．LPIは脊椎動物種（哺乳類，鳥類，爬虫類，両生類，魚類）の個体数をもとに，陸域・海洋・淡水に生息する生物種別に指数を算出，その3つの指数の平均を求めて，総合的な指数を算出したものである．1970年と比較して（1970年を1.0とする），時系列で図示される[6]．図8-3に1970年から2000年の間のLPIの変化を示す．世界の約3,000種の脊椎動物の，10,000を超える個体群の個体数をもとに算出されたLPIは1970年から2010年までの間に52％減少したが[7]，これは言いかえると，個体数がほぼ半減したことを示している．

8.2　絶滅確率

　絶滅危惧種をレッドリストに登録し，保護管理を図る最終目的は，その種の個体群の絶滅という最悪の結果を回避することである．しかしどのように手厚く保護しても，自然個体群の偶発的な絶滅リスクをゼロにすることはできない．IUCNの判定基準からもわかるように，小集団ほど絶滅リスクが高くなる．現時点の絶滅確率を評価し，種々の保護管理による絶滅確率の低減を予測，比較することは，適切な保護管理の計画，実施に有用である．

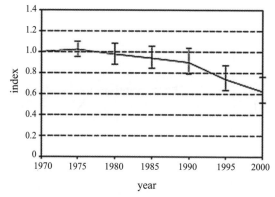

図8-3　1970年から2000年の間のLPI[6]（生きている地球指数）の変化

　絶滅リスクを高める要因には，決定論的要因と確率論的要因がある。第4章で述べた負の密度効果であるアリー効果は，小集団が絶滅する決定論的要因のひとつである。もうひとつの決定論的要因に，近交弱勢（inbreeding depression）がある。近交弱勢は近親交配によって出生率の減少や死亡率の増加が生起し，個体群の適応度が低下する現象である。主な原因は，有害形質を持つ劣性遺伝子が近親交配によってホモ接合化して発現しやすくなるためである。また個体群の遺伝子プールの多様性が減少し，環境適応のための遺伝子変異の範囲が狭くなることも，小集団が絶滅しやすい理由のひとつである。

　一方の絶滅リスクの確率論的要因には，環境揺らぎ（environmental fluctuations）と人口学的揺らぎ（demographic fluctuations）がある。環境揺らぎは，食物や気候など，生息環境の自然変動によって出生率や死亡率が変動する現象である。また長期的には出生率，死亡率が変化しなくても，毎年の出生数，死亡数は確率的に変動する。これを人口学的揺らぎという。決定論的個体群成長モデル式(4.3)に確率論的要因を加えると，次式になる[8]。

$$\frac{dN}{dt} = r(N)N + \sigma_e Z_e(t) \circ N + Z_d(t)\sqrt{N} \quad\quad\quad (8.2)$$

　ここで，Nは個体数，tは時間，rはロジスティック成長モデルなどの個体数の関数である増加率，σ_eは環境揺らぎの標準偏差，Z_eは環境揺らぎの乱数，Z_dは人口学的揺らぎの乱数である。Z_eとZ_dは，ホワイトノイズといわれるフラットなスペクトルを持つ乱数である。演算子○はストラトノビッチ積分を表すが，詳細は引用文献8）を参照されたい。

　式(8.2)より，環境揺らぎ（右辺第二項）は個体数Nに比例するため増減率は個体群サイズによらないが，人口学的揺らぎ（第三項）は$\sqrt{N}$に比例するため個体群サイズが小さいほど相対的に増減率が大きくなることがわかる。このことは，試行回数によるサイコロの目の出現確率に似ている。試行回数が多いと出現確率は期待値＝1／6に近づくが，試行回数が少ないと実際の出現確率が期待値より大きく外れることがある。小集団では偶然に出生数ゼロが続くなどして，絶滅するリスクが高くなる。

PVA（population viability analysis；個体群存続可能性分析）は，確率論的個体群変動を考慮し，統計的に絶滅リスクを予測する分析法である。ある個体群の個体数 N が長期間，誤差なく $n+1$ 年間観測されたとする。毎年の増加率 $\lambda_t = N_{t+1}/N_t$ （$t = 1 \sim n$）から，増加率の幾何平均 μ と分散 σ^2 が，次式のように計算される。

$$\mu = \frac{\Sigma \log \lambda_t}{n}, \quad \sigma^2 = \frac{\Sigma \log \lambda_t - \mu}{n-1} \quad \cdots \cdots (8.3)$$

時刻 t からの微小時間における個体群の絶滅確率は逆ガウス分布に従うと仮定でき，一定期間 T の間に絶滅する確率 G は $t = 0 \sim T$ の累積確率密度となる。この積分値は，次式で求められる[9]。

$$G(T|d,\mu,\sigma^2) = \Phi\left(\frac{-d-\mu T}{\sqrt{\sigma^2 T}}\right) + \exp\left(\frac{-2\mu d}{\sigma^2}\right) \Phi\left(\frac{-d+\mu T}{\sqrt{\sigma^2 T}}\right) \quad \cdots \cdots (8.4)$$

ここで，$d = \log N_c - \log N_x$，N_c は現在の個体数，N_x は絶滅限界個体数，$\Phi()$ は累積標準正規分布関数である。個体数1未満を絶滅とすると，$N_x = 1$ である。

図8−4に，μ，σ^2，N_c が変化したときの絶滅確率 G の変化を示す。系統的に減少している個体群（$\mu < 0$）では，T とともに絶滅確率が増加し，1に漸近する。減少がない個体群（$\mu \geq 0$）でも，増加率 λ_t の変動によって絶滅確率は残存する（図8−4A）。減少している個体群では σ^2 が小さいほど初期の絶滅確率は小さいが，偶然成長する機会もまた少ないため，最終的に急速に絶滅確率が増加する（図8−4B）。また初期個体数が小さいほど，絶滅確率は高くなる（図8−4C）。

個体数が減少し続ける個体群は，早晩絶滅を免れない。いち早く，個体数減少の原因を取り除くことが必要である。上述のように，個体数の継続的減少を解消できても，絶滅リスクは残存する。絶滅危惧種の個体群を管理し，絶滅のリスクを低減するためには，具体的な管理目標の設定が必要である。そのひとつに，MVP（minimum viable population；最小生存可能個体数）がある。MVPは例えば，「100年間の絶滅確率が10％未満」のような条件を設定し，PVAによって決定できる。

PVAにおいて，個体群サイズ増加率の精度は結果の不確実性に大きく影響するため，非常に重要である。しかし限られた年数の調査からこれを精度よく決定することは，きわめて困難である。かといって調査に長い期間を費やすと，その間に取り返しがつかなくなるまで個体群が衰退するかも知れない。個体の移入が多い個体群，生息地境界が不明瞭，行動圏が把握できないなど，PVAに適さないケースも多く，結果の慎重な取り扱いが必要である。

8.3　野生生物と人間の共存

8.3.1　野生生物と人間の軋轢

野生生物と人間の軋轢は人類の歴史がはじまって以来続いており，世界各国で生じている問題である。かつて，大型肉食獣は人間にとって脅威であった。そのことは現在でも変わりはないが，人口が増加して人間の生息域が拡大し，さらに狩猟技術が発達してくるとともに立場は逆になり，大型肉食獣は絶滅ある

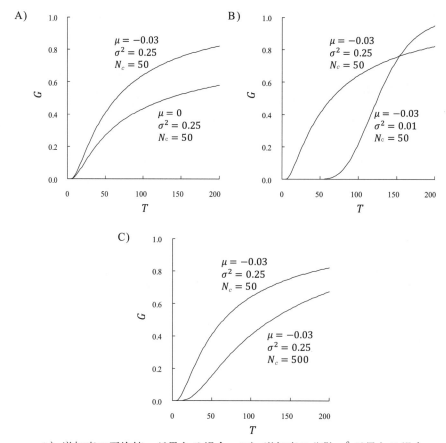

A）増加率の平均値 μ が異なる場合, B）増加率の分散 σ^2 が異なる場合, C）初期個体数 N_c が異なる場合

図8−4　個体群存続可能性分析による期間 T の間の絶滅確率 G の変化

いは絶滅の危機に瀕するようになった。野生生物と人間の軋轢は，人間と野生生物の両方が傷つき，農作物の被害，家畜が襲われる被害，栄養カスケード，生息地の破壊，野生生物個体群の崩壊や地理的分布域の縮小など，さまざまな負の結果を伴う。野生生物と人間の軋轢がひんぱんに発生するのは農村地域であるが，都市の周辺においてもありふれたこととなってきた。軋轢が生じる野生生物は，特定の種に限られているわけではなく，哺乳類，鳥類，魚類，昆虫類や爬虫類などさまざまな野生生物が含まれている。

　近年，日本では，ニホンジカ，イノシシの個体数が増加，分布が拡大して，農作物や植林樹木の被害が増加している。環境省が統計手法を用いて，本州以南のニホンジカについての個体数推定および将来予測を実施した結果，2013年度は305万頭と推定され，2023年には中央値で2013年度の生息数の1.5倍，約453万頭にまで増加する可能性が示された。また分布調査によると，ニホンジカの生息域は1978年から2014年までの36年間に約2.5倍に拡大し，イノシシについても約1.7倍に拡大していることが示されている[10]。

野生生物による被害は，農林業だけではない。クマ（ツキノワグマとヒグマ）による人身被害と出没による住民の精神的な被害，キツネやアライグマによる感染症の媒介，交通事故，シカの食圧や踏み荒しなどによる森林植生の衰退や土壌流出の発生など，私たちの生活に直接・間接的悪影響を及ぼしている。一方で，人間活動による生息地の損失や劣化，乱獲などで個体数が減少し，トキやコウノトリのように野生では絶滅した種や，イリオモテヤマネコ，イヌワシ，ミヤコタナゴなど絶滅の危機に瀕している種も増加し，また，出没の増加で問題になっているツキノワグマも，西日本の各地の個体群は絶滅に瀕しており，九州地方の個体群は絶滅していると判断されているなど，人間との軋轢により生物多様性にも影響が生じている。

シカやイノシシのように個体数が増加し，分布を広げている主な原因は，農山漁村の過疎化，高齢化等により里地里山等における人間活動が低下したこと，それに伴って鳥獣の隠れ家やえさ場となる耕作放棄地が増加したこと，地球温暖化に伴う少雪により自然死が減少したこと，狩猟者の減少・高齢化等により狩猟による捕獲圧が低下したことが指摘されている[10]。近年，分布域や個体数が増加し人間との軋轢をもたらしている野生生物については，捕獲して個体数を減らすという管理手法だけでなく，生物多様性の保全と持続的利用という視点で，個体数管理や生息場所の保全など適切な管理に取り組み，野生生物と人間の軋轢を軽減する必要がある。被害防除対策，生息環境管理，個体数管理などの総合的な保護管理対策を実施していくことが一層必要となっている。

8.3.2 野生生物と人間の共存

野生生物と人間の共存は，難しいテーマである。もともと，人間の人口が増え，生活圏を拡大して，野生生物の生活圏に大きく入り込んだことが両者の軋轢を生じさせている。農作物や造林木への被害や人身被害が増加すれば「被害者」である人間は，野生動物を捕獲し個体数を減らすことや行動範囲を制限するような対策を講じて「被害」を減らそうとする。一方で，野生生物は，本来の生活圏の環境が変化，減少したために，人間の生活圏を利用し，人間との遭遇の機会が増加してしまったがために事故が生じ，捕獲・捕殺されて「被害者」となる。野生生物は人間の思惑とは関係なく，よりよい生息場所を求め，移動と定着を繰り返し，そして生存率を高めるために競争し，適応するものである。このような関係の両者が共存することは，困難なようにも思われる。また，この軋轢の問題に関して人間同士の価値観の違いや，利害関係により意見の対立が生じるため，問題解決が難しくなっていることも考えられる。野生生物と人間の軋轢をどのように解消できるかについて，地域住民の意識認識と獣害の問題化プロセスからアプローチした研究によると[11]，野生生物による被害が深刻になる要因として，問題への対処をめぐる人間関係にある場合が多い。加害する野生生物を「捕獲する・しない」という価値観の対立も，「被害認識」を形成する社会的要因として捉える必要があり，さまざまな獣害を解消するためには従来の生物学的アプローチに，社会科学的なアプローチを融合させていくことが期待されている。

野生生物と人間の軋轢を軽減するための技術としては，シカやイノシシ，ニホンザルといった地域

に普通に生息する種から個体数が減少している希少な種まで，多様な野生生物について適正な保護と管理を進めることが重要である．絶滅のおそれのある種に関しては知見が不確実なものも多く，国，地方自治体などで，それぞれの種の状況を把握し，保全技術等の知見を集積することと法制度の効果的活用が不可欠である．個体数が限られ，生息地の消失・劣化などで生存の危機にある種などでは，生息域外保全の取組みも必要である．

　シカやイノシシのように個体数が増加し，分布が拡大している特定の種に関しては，個体群管理・被害管理・生息環境管理を基本に，生物多様性を維持しながら，適切な個体数の管理，被害の軽減などに取り組んでいく必要がある．それと同時に，野生生物の個体数推定や行動圏の把握，生態などに関する調査・研究を進め，よりよい野生生物の管理や施策に活かしていくことも重要である．また，野生生物と人間の軋轢について，この問題が生じた要因や経緯，現状そして野生生物の保護・管理などの考え方や技術について広く人々に知らせることも必要である．人々の野生生物に関する認識の変化は，野生生物と人間の軋轢の軽減につながることが期待される．

引用文献

1）環境省：生物多様性国家戦略2012－2020，2012．
2）IUCN：ANNUAL REPORT 2015, 2015．
3）宮下直・井鷺裕司・千葉聡：生物多様性と生態学－遺伝子・種・生態系－，朝倉書店，2014．
4）Mougi, A. and Kondoh, M. : Science, Vol.337, 349-351, 2012．
5）Secretariat of the Convention on Biological Diversity : Global Biodiversity Outlook 3, Montréal, 2010．
6）Loh, J., Green, R. E., Ricketts, T., Lamreux, J., Jenkins, M., Kapos, M. and Randers, J. : Phil. Trans. R. Soc. B, Vol.360, 289-295, 2005．
7）WWF : Living Planet Report 2014, 2014．
8）巌佐庸・箱山洋：生物多様性とその保全：絶滅のプロセスとリスク評価，生物の科学「遺伝」別冊，No.9, 1997．
9）Morris, W., Doak, D., Groom, M., Kareiva, P., Fieberg, J., Gerber, L., Murphy, P., and Thomson, D. : A Practical Handbook for Population Viability Analysis, The Nature Conservancy, 1999．
10）環境省：平成28年版環境白書循環型社会白書／生物多様性白書，2016．
11）鈴木克哉：環境社会学研究，Vol.14, 55-69, 2008．

参考文献

1）農林水産省：http://www.maff.go.jp/j/seisan/tyozyu/higai/attach/pdf/index-13.pdf.，鳥獣被害の現状と対策
2）環境省：http://www.env.go.jp/press/files/jp/29490.pdf.，統計手法による全国のニホンジカ及びイノシシの個体数推定等について

3） Red list categories and criteria：

http://www.iucnredlist.org/technical-documents/categories-and-criteria.

4） IUCN: The IUCN Red List of Threatened Species:

http://www.iucnredlist.org/about/summary-statistics.

第9章　生態系と生物多様性のアセスメント

9.1　環境アセスメント

環境アセスメントは環境影響評価のことで，アメリカやヨーロッパではenvironmental impact assessment（EIA）と呼ばれている。環境アセスメントは，建設・運用により環境への影響が予測される大きな開発事業の実施にあたり，その事業により環境にどのような影響を及ぼすかについて事業者自らが調査，予測，評価を行い，その結果を公表して一般市民，地方公共団体，国から意見を聴き，適切な環境の保全のための措置を検討し，総合的，計画的によりよい事業計画を作り上げていくための手続きである。環境アセスメント学会[1]は，環境アセスメントの在り方について次のように示している。『1．環境アセスメントは，「持続可能な社会・環境」を目指すものです。2．環境アセスメントは，技術・社会システムであり，その具体化のために法的な枠組みを伴うものです。3．環境アセスメントは，「市民，行政，専門家，企業が，環境保全のために，それぞれに社会的な役割を分担する」ことを支えるものです。4．環境アセスメントは，あらゆる社会の事象に対して新しい社会的システム，行政システムを創り出すさきがけとなるものです』。これらの視点は，環境アセスメントの目的および機能を具体的に理解する上で必要なことである。

環境アセスメントにおいて対象となる環境要素は，環境の自然的構成要素の良好な状態の保持，生物多様性の確保及び自然環境の体系的保全，人と自然との豊かなふれあい，環境への負荷という4つの観点から，表9－1のように定められている。環境アセスメントではこれらについて，事業の特性，地域特性に応じて評価項目を選定する。なお，地方公共団体においても環境アセスメントに関する条

表9－1　環境アセスメントの対象となる環境要素

環境の自然的構成要素の良好な状態の保持		
大気環境	水環境	土壌環境・その他の環境
・大気質	・水質	・地形，その他の環境
・騒音	・底質	・地盤
・振動	・地下水	・土壌
・悪臭	・その他	・その他
・その他		
生物の多様性の確保及び自然環境の体系的保全		
植物	動物	生態系
人と自然との豊かなふれあい		
景観	触れ合い活動の場	
廃棄物等	温室効果ガス等	

例が整備され，独自の評価項目を定めている場合がある。

現行の環境影響評価法（改正アセス法）で環境アセスメントの対象となる事業は，道路，ダム，鉄道，空港，発電所など13の事業であり，それぞれについて，その規模により「第一種事業」と「第二種事業」に区別されている。環境アセスメントは「第一種事業」全てと，「第二種事業」のうち環境アセスメントの手続きが必要であると判断された事業について実施される。また，国が行う事業に加えて，「免許等が必要な事業」，「補助金・交付金等が交付される事業」，「独立行政法人が行う事業」が環境アセスメントの対象となっている。

第一種事業の環境アセスメントの手続きは，「配慮書手続き」，「方法書手続き」，「準備書手続き」，「評価書手続き」，「報告書手続き」の順に進められる（図9－1）。環境アセスメントの実際の調査，予測，評価は方法書手続きの終了後，すなわち環境アセスメントの方法が決定した後に実施する。第二種事業に関しては，環境アセスメントを実施するかどうかは個別に判定することになっており，これをスクリーニングという。規模が小さくても生活環境への影響や，生物多様性の高い生態系，国指定の天然記念物，環境省レッドリストに記載されている絶滅危惧種などの貴重な動植物や，その生息地への影響が想定される事業に関しては，環境アセスメントを行う必要がある。スクリーニングの判定は主務大臣（例えば一般国道，林道，鉄道などは国土交通大臣）が判定基準に従って行い，必要と判定された場合は第一種事業と同様の手続きを行うことになる。

9.2　生物多様性保全と環境アセスメント

生物多様性減少の要因はさまざまであるが，道路，鉄道，ダム，発電所などの大規模な開発事業は生物多様性に著しい悪影響をもたらす要因のひとつである。このような開発事業の影響を回避・低減し，生物多様性を保全するためには，適切な環境アセスメント制度が必要である。環境影響評価法が1999年に施行されるまでの環境アセスメントでは，主に希少な動植物種や生息地，群落などへの影響について評価していたが，生物多様性という視点は取り入れられていなかった。1997年に成立した環境影響評価法において，環境アセスメントの評価項目として「生物の多様性の確保および自然環境の体系的保全」が選定され，植物・動物だけではなく「生態系」が新たな評価項目として追加された。

2011年の改正アセス法では配慮書手続きが新たに設定され，以前の事業アセス（事業の実施段階におけるアセスメント）に比べると，開発事業による自然環境への影響，特に動物・植物などへの重大な影響を回避・低減することが期待される。環境省によると，計画段階配慮は事業の「位置・規模」または「配置・構造」に係る複数案の設定が可能な時期から，それらが確定する前までに実施することが望ましいとされている[2]。事業者は計画段階で環境保全に配慮すべき事項や調査・予測・評価の方法を検討し，その結果を公表して一般や地方公共団体，主務大臣などからの意見を聴取し，それを反映させて対象事業に係る計画を策定する。このように事業計画立案段階や，事業計画以前の上位の国土利用計画において環境影響に配慮する制度を，SEA（strategic environmental assessment；戦略的環境アセスメント）という。改正アセス法では戦略的環境アセスメントが部分的に導入され，今後は

生物多様性への影響を回避・低減し，効果的な保全が期待されると同時に，効率的な事業計画の実施が期待される。

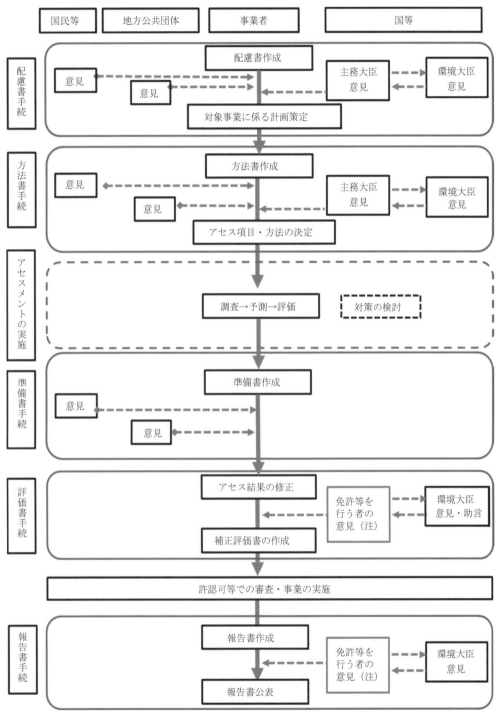

(注)「免許等を行う者」とは事業に関係する主務大臣，地方公共団体の長である。

図9-1　環境アセスメントの手続き[12]

9.3 生物多様性（動物・植物）の環境アセスメント

9.3.1 動物・植物に関する計画段階配慮手続き

動物・植物に関する計画段階配慮手続きは，開発事業の区域および事業による影響がおよぶと想定される範囲において，陸生および水生の動植物の生息種，生育種，群落などの分布や生息・生育状況などを調査し，調査対象範囲における重要な種や群落の分布状況や動物の集団繁殖地等，注目すべき生息地の状況について明らかにする。調査の範囲は事業による重要種等への影響を把握するために必要な情報が得られる範囲を設定しなければならない。そのため，対象となる種の生態特性や地域における分布状況，行動圏や移動能力などについて考慮して調査範囲を設定する必要がある。環境省によると，重要種や重要な群落とは文化財保護法，絶滅のおそれのある野生動植物の種の保存に関する法律，環境省レッドリスト，地方自治体のレッドデータブック，ラムサール条約などの法令等に該当するものである[2]。また，法令等により定められていないが，「地域により注目されている種，集団繁殖地等」についても重要なものとして扱う。

調査は，基本的には既存文献の収集・整理によって行うが，必要に応じて専門家へのヒアリングや，情報が不足している場合は，現地調査の実施やBDP（biodiversity potential map；生物多様性ポテンシャルマップ）の技術を用いた生息可能性地図の作成など，解析的手法により情報を収集する。生物多様性ポテンシャルマップは，既存の環境情報データをもとにHEP（後述）によって生物にとっての好適性や生息可能性を予測し，地図情報として整理するものであり，精度検証を実施したうえで，環境配慮政策などの検討ツールとして用いられている[3]。

開発事業により生息・生育場所の改変や消失，移動経路の分断や個体群の分断などが想定されるが，生物の種によって影響は異なるため，個々の種について影響を予測・評価することが必要である。動植物の分布や生態などは既存資料，専門家へのヒアリングなどによっても情報が不十分なことが多く，開発事業による影響を予測し評価することが難しい場合がある。評価にあたっては，この不確実性を考慮し，事業計画の複数案が対象となる種などの重要性と分布状況や生態特性にどの程度影響を及ぼすのかについて，表9－2のように整理し，評価を行うことが望ましい。

表9－2　2つの事業計画案に対する生物多様性への影響評価の整理の例

対象種	分布状況	生態特性等	案①	案②
種A	分布が限られる重要性高い	集団繁殖している	影響が大きい	影響が小さい
種B	広い分布	移動力がある	影響が小さい	影響が小さい
種C	水域に分布する	水質により生息が左右される	影響が小さい	影響がある
各案の特徴			種Aの生息地の一部が改変されるため，種Aの繁殖に影響を与える案	水質の変化が種Cの生息に影響を与える案

9.3.2　動物・植物に関する方法書手続きの調査・予測・評価

（1）動物・植物の調査方法

　配慮書手続きの次には，方法書手続きで環境アセスメントの項目と実施方法（調査，予測，評価）を決定し，環境アセスメントが実施される。動物・植物の調査を実施する場合は，陸上の生物と水中の生物に分けられる。陸上の動物・植物は調査対象地域において，できるだけ最新の既存資料を用いる調査と現地調査により，生息・生育する種や群落を記録し，重要な種や群落の位置や生息・生育範囲，個体数，生息・生育状況などを把握する。

　植物調査は植物相調査と植生調査からなり，植物相調査では多様な環境を踏査し，生育が確認された種を記録し，重要な種が確認された場合は確認地点を把握し，種名，個体数，生育環境，生育状況などを記録する。調査対象は原則的に種子植物とシダ植物である。植生調査では，調査対象地域で確認された植物群落について，広がりや分布を平面図に記録するとともに，植物社会学的手法によって群落の構成種や構造などを調査し現存植生図を作成する。また，地方公共団体の技術指針によっては，大径木や景観木の調査を求められる場合もある。

　動物調査は，哺乳類，鳥類，両生類，爬虫類，昆虫類などを対象とし，それぞれ調査に適した時期，調査方法を選定し，約1年間にわたり調査を行う。哺乳類調査は，対象地域の多様な環境を踏査し，生体を直接目視する方法，小型哺乳類用トラップによる捕獲，足跡や糞，食痕などの生活痕などにより生息種を確認する。鳥類調査は対象地域内にルートを設定し，そこを一定の速度で歩きながら，目視，さえずりや地鳴きなどの声により種と出現位置，個体数，行動などを記録するラインセンサス法と，複数の定点を設定し，定点から確認できた種，個体数，行動などを記録する定点センサス法により行う。両生類・爬虫類調査は両生類・爬虫類が好む環境を踏査し，成体，幼生，卵塊を目視または捕獲により確認する。カエル類は鳴き声によっても確認が可能である。昆虫類は種数，生息環境ともに多様であり，さまざまな方法で捕獲し，生息種を確認しなければならない。夜行性の昆虫類についてはライトトラップ法，地表性の昆虫はベイトトラップ法，草地などでは捕虫網を用いたスウィーピング法，木の葉や枝に生息する昆虫はビーティング法などを用いて捕獲する。

　水生生物に関しては，陸水域の場合，植物調査は水生植物と付着藻類，動物調査は魚類と底生動物（ベントス）が対象である。底生動物には，節足動物（水生昆虫類や甲殻類など），軟体動物（貝類など），環形動物（貧毛類，多毛類）などが含まれる。調査方法は，魚類や大型の水生植物については目視か採取，底生動物についてはサーバーネットと方形枠（コドラート）を用いた定量調査やサーバーネットを用いてさまざまな環境でランダムに採集する定性調査を行う。

　調査により対象地域における動物・植物の現状を把握した後，生息・生育を確認した種から重要種を選定する。選定基準は前述の計画段階配慮書手続きで示した基準と同様である。

（2）動植物の予測・評価

　予測とは，開発事業の実施により動物・植物の生息・生育環境がどの程度改変され，重要種などの生息・生育にどのような影響が生じるのかを推測することである。動物については事業によって死傷，対象地域内から対象地域外への移動，繁殖率の低下，生息域の減少などの影響が推測されるが，影響の程度に関しては定量的な予測は難しく，定性的な影響を予測するにとどまることが多い。植物については群落の改変面積の変化を定量的に予測することは可能であるが，希少な種などに関しては動物と同様に定量的に予測するが難しい。このように動物・植物は科学的知見が少なく，影響予測の不確実性が高いため，事後調査による予測結果の検証や，環境保全措置の見直しが求められることが多い。予測の時期は工事中の影響が最大となる時期や供用後の安定した時期を基本とするが，それ以外の期間についても予測が必要になることがある。予測方法は文献その他の資料による類似事例の引用や科学的解析によって行い，必要に応じて，専門家等の助言を取り入れ，環境保全対策を検討するためにも適正な方法を選ぶことが必要である。

　評価は，調査および予測の結果に基づいて，重要な種や群落，生息地に係る環境影響が実行可能な範囲内で回避または低減されているかを検討し，環境保全についての配慮が適正になされているかを検討する。評価の実施にあたり，動物・植物への影響をどの程度回避・低減できるのかを判断しなければならないが，判断基準が明確でないため，専門家の意見やさまざまな情報を取り入れて判断しなければならない。評価結果は，影響の程度とそれを回避・低減するための具体的な対策，そして評価の根拠を示すことが重要である。

9.3.3　環境保全措置と事後調査

　環境保全措置とは，調査，予測の結果にもとづき，環境への影響の回避・低減・代償のために検討される対策のことである。さらに措置の効果に不確実性が伴う場合には，事業実施後の事後調査が必要となる。

　環境保全措置は，米国で生まれたミティゲーション（mitigation）の概念が日本の環境アセスメントにおいて導入されたものであり，もともとは「回避」，「最小化」，「矯正」，「低減」，「代償」の5つの原則からなっていた。これらの段階はこの順に検討されることが望ましいとされており，米国では，ミティゲーションはノーネットロス原則（第14章参照）を前提として行われる。日本の環境アセスメントでは，「回避」，「低減」，「代償」の3つの定義に整理された[4]。「回避」は事業において環境に影響を及ぼすような行為の全体または一部を実行しないことによって影響を避けることで，具体的には事業の中止，事業内容の変更（一部中止）などの措置である。「低減」は事業の規模や行為の程度を制限する「最小化」，影響を受けた環境そのものを修復，再生又は回復する「修正」，行為期間中の環境の保護および維持管理により時間を経て生じる影響を軽減又は消失させる「軽減／消失」といった措置が含まれる。「代償」は損なわれる環境要素と同種の環境要素を創出することなどにより，損なわれる環境要素の持つ環境保全の観点からの価値を代償するための措置である。

表9-3 青森市清掃施設（新ごみ処理施設）建設事業における動植物の環境保全措置[5]

環境要素	動植物種	影響要因	環境保全措置
陸生植物	ノダイオウ エビネ サルメンエビネ	改変後の地形 樹木伐採後の状態	周辺土壌ごとブロック状に掘り取り、影響の及ばない生息適地（スギ植林下）に移植により種・個体への影響を回避・低減
陸生動物	カモシカ（哺乳類） ヒバカリ（爬虫類）	資材・製品等運搬	動物横断注意喚起標識の設置、車両運転者の安全運転教育徹底により、ロードキルを回避・低減
	ハチクマ（鳥類） オオタカ（鳥類）	資材・製品等運搬 建設機械の稼働	生息・繁殖状況をモニタリングし、必要に応じて回避・低減措置を実施
水生生物	スナヤツメ北方種（円口類） ニホンカワトンボ（昆虫）	改変後の地形 樹木伐採後の状態	影響の及ばない場所に移送することで個体の保護を図る

　環境アセスメントにおける動物・植物に対する環境保全措置の参考事例として、『青森市清掃施設（新ごみ処理施設）建設事業』について紹介する[5]。この事業主体は青森市で、2010年に環境影響評価書が縦覧されている。環境アセスメントの調査において、表9-3に示す希少動植物の生息が確認され、動植物への影響を回避・低減するための措置が講じられた。さらにどの措置に関しても不確実性があるため、陸生植物は移植後3年間、陸生動物は工事開始後から供用開始後3年間、水生生物は移送後3年間にわたり事後調査を実施し、調査結果を評価した。陸生植物の措置は適切であり、移植による代償措置の効果が確認された。陸生動物のロードキルの発生は確認されず、工事中の事業による影響は見られていない。ハチクマについては、3年目以降の繁殖が確認されないものの、繁殖を示唆する行動が確認されており、事業地周辺に複数のつがいが生息していることから、事業実施により大きな影響を受けてはいないと推察されている。オオタカは繁殖が確認されず、飛翔の確認も少ないことから、事業地周辺の環境変化による影響を受けている可能性があるとして、専門家から意見を聞いた上で対策を検討することになった。水生動物二種の確認個体数は経年的に減少しているものの、幼生・幼虫も確認されていることから、環境保全措置の効果が確認されたとしている。

　このように近年、法令に則った環境保全措置、事後調査が実施され、事業者の環境保全措置に対する意識が高まってきている。ただ、この事例では「回避」と「低減」が同列のように用いられており、その違いが明瞭ではない。多くの環境アセスメントにおいて、「回避」措置が実施されることはほとんどなく、国土技術政策総合研究所[6]によると、道路事業に関する環境アセスメントの環境保全措置において、「回避」措置はなかったとしている。動物・植物の環境保全措置に関しては不確実性が多いため、このような事例集を積極的に公表することにより、保全意識の高まりや保全技術の向上が期待される。

9.4　生態系の環境アセスメント

9.4.1　生態系の捉え方

　環境影響評価法施行以前の環境アセスメントでは、主に動物・植物の「種」を影響評価項目としていた。しかし、「種」を保全するためには、生息・生育場所だけでなく、地域における食物連鎖や対

象とする「種」と相互に関係のある生物（例えば昆虫の蝶類であれば，産卵場所であり幼虫の食草となる植物）の保全，キーストーン種などの保全に関しても配慮する必要がある。つまり，「種」を保全するためには，それを取り巻く生物群集や非生物的環境を包括した「生態系」を保全しなければならない。

環境アセスメントにおいて地域の生態系を評価項目とする場合，対象となる環境要素の現状と影響の程度を明らかにする必要があるが，地域の生態系の全体像を把握する手法が確立されているとはいえない。また，生態系の調査，予測および評価手法も少ない状況である。従って，評価に当たっては，事業特性や地域特性を十分に把握した上で個別に検討する必要があり，対象となる生態系への影響をどの側面から捉えるかといった視点が重要となる。

環境アセスメントにおける「生態系」の捉え方については確立されたものはないが，環境省は「上位性」，「典型性」，「特殊性」の視点から生物種等を複数選び，これらの生態，他の生物種との相互関係および生息・生育環境の状態を調査し，これらに対する影響の程度を把握するという捉え方を基本方針として示している[7]。「上位性」とは栄養段階の上位に位置する種で，生態系の攪乱や環境変動などの影響を受けやすい種が対象となり，哺乳類，猛禽類などの行動圏が広い大型の捕食者が挙げられる。また対象地域の環境のスケールに応じて，爬虫類，魚類などの小型の脊椎動物や，昆虫類などの無脊椎動物も対象とする。「典型性」とは，生物間の相互作用や生態系の機能に重要な役割を担うような種・群集（例えば，植物では現存量や占有面積の大きい種，動物では個体数が多い種や個体重が大きい種，代表的なギルドに属する種など），生物群集の多様性を特徴づける種や生態遷移を特徴づける種などが対象となる。また，環境の階層的構造にも着目して選定する必要がある。「特殊性」とは，比較的狭い範囲の特殊な環境の指標となる種・群集をいう。その選定に当たっては，対象地域において占有面積が比較的小規模で，周囲にはみられない環境（例えば，小規模な湿地，洞窟，噴気口の周辺，石灰岩地域といった特殊な環境や，砂泥底海域に孤立した岩礁や貝殻礁など）に着目し，これらの環境要素や環境条件に生息が強く規定される種・群集を選定するとよい。

9.4.2 生態系の調査，予測および評価

生態系の調査では，動植物その他の自然環境の状況について総合的に把握できるようにデータを整理し，調査地域を特徴づける生態系を環境類型ごとに区分し，植物・動物の調査結果にもとづいて，上位性，典型性，特殊性の視点から複数の注目種・群集等を抽出する。また，定量的手法による生態系の把握に必要な情報を既存資料や現地調査で把握する。複数の注目種・群集の抽出にあたっては，①生活史，食性，繁殖習性，行動習性，生育生息地の特徴等，②その他の動植物との食物連鎖上の関係や相互関係（寄生・双利共生などの生物間相互作用など）などに着目する。

次に生態系の予測では，環境保全措置を含めた事業の特性（土地の改変や工作物の位置，規模，施工方法，工事中の騒音・振動・粉塵などの発生状況，供用後の汚染物質などの発生状況など）などを整理し，事業による生態系への影響を理論的解析による方法，類似事例を参考にする方法，HEPな

どの定量的な評価手法など適切な方法を選定して予測する。環境類型の区分ごとに変化する生物相およびその生育生息環境と生態系との関係について予測する。

生態系への影響評価は，生態系への影響が，実施可能な範囲内でできる限り回避あるいは低減されているか，または回避・低減が困難な場合に検討した代償措置によって環境保全が適切に行われているかについて評価する。

9.4.3　環境保全措置と事後調査

生態系の予測評価は，生態系の構造の複雑さ，時間的又は空間的変化の進行等のため，不確実性を伴うものである。環境保全措置が行われたとしても，事後調査を実施し，その効果について検証しなければならない。また，事後調査以外にも適切なモニタリング調査と維持管理を継続し，予測評価の不確実性を補完するよう努め，必要に応じて環境保全対策を見直す。見直しに当たっては，専門家等の意見を聞きながら最新の知見に基づいたよりよい技術を採用する必要がある。

9.4.4　生態系の定量評価

環境影響評価法に「生態系」が追加されてから，事業が生態系に及ぼす影響の程度を明らかにし，よりよい環境保全措置を講じるためには，客観的なデータが示される必要があり，そのため生態系の定量的評価が求められてきた。定量的な評価のための定型的な調査・予測手法が示されることにより効率的，効果的な調査の実施につながり，重要な要素の調査に対し資金，人材の重点的な投入ができるようになること，生態系への影響の程度について定量的に示されることで議論，検討をするための客観的な材料が明確にできること，複数の環境保全対策を比較検討する際の客観的な判断材料を提示できることなどが期待される[8]。

このような背景から，最近実際の環境アセスメントにおいても適用されはじめているHEPについて触れておく。なお参考文献[4]は，HEPの理念からプロセス，事例まで詳細にまとめられており，例題も多く掲載されており，必読の書である。

HEPとはhabitat evaluation procedure（ハビタット評価手続き）の略であり，生態系の概念を特定の野生生物のハビタット（生息環境）に置き換え，その適性についてハビタットの「質」×「空間」×「時間」として定量的に評価する手続きである[9]。HEPは，1969年に米国で公布された国家環境政策法（NAPA）が環境アセスメントの評価対象である環境要素の定量的な評価を求めたことに応じて，米国連邦魚類野生生物局（U.S. Fish and Wildlife Service）により開発された定量的評価手法のひとつである。HEPを用いることで，生態系の現況と将来予測の比較，事業計画の複数案の検討，代償措置の検討等，いくつかの選択肢等について相対的な評価を行う際に利用可能である[10]。

日本の環境アセスメントで初めてHEPが適用されたのは，2006年～2007年にかけて行われた横浜市の「(仮称) 上郷開発事業環境影響評価」であり，田中らはこの初めて導入された事例を分析し，日本の生態系アセスメントの課題に対するHEPの有効性を考察している[11]。この大規模緑地に隣接

する商業地・住宅地開発事業のアセスメントでは，HEPの大目標を「谷戸およびそれをとりまく丘陵からなる里山生態系の保全」とし，「谷戸の水辺保全」と「丘陵地二次林の保全」ならびに両者間の「連続性の保全」を小目標とした。実施体制として，HEPコーディネーター，評価種の専門家，市民団体代表者，事業者，事務局からなるHEPチームを結成した。HEPの前提条件として，評価種の選定と，比較評価する事業の複数案の設定がある。評価種としてゲンジボタル，ヘイケボタル，ヤマアカガエル，ニホンアカガエルの四種が選定され，また事業の複数案として「現状」，「将来A」（実質的なミティゲーションを導入），「将来B」（各種ミティゲーション未導入），「将来C」（本事業が実施されず自然に土地利用が進む）の四案を設定した。

ニホンアカガエルを例に，HEPによる評価方法と結果を示す。まず対象種の生活様式から，生息空間の三種の環境要因と4つのSI（suitability index）が専門家による判断を経て抽出された（図9－2）。SIは生息要件としての環境要因の適否を示す指数で，0～1の値を取る。SIには，本事例のSI1，SI2，SI4のように要因のカテゴリ別に与える数値と，SI3のように要因の関数として計算される連続値がある。事業案によって環境要因であるカバータイプなどが変化するため，SIの値も事業案ごとに異なる。抽出されたSIから，再び専門家の判断により生息地適性を総合的に示すHSI（habitat suitability index）モデルが，次式のように構築された。

$$\text{HSI} = \left\{ \frac{\text{SI}1 + \text{SI}2}{2} \times (\text{SI}3 \times \text{SI}4)^{\frac{1}{2}} \right\}^{\frac{1}{2}} \quad \cdots \quad (9.1)$$

ここで，HSIも0～1の値を取る。評価小地域ごとのSIよりHSIを求めた後，次式により小地域ごとの「質および空間」の定量的評価指標であるHU（habitat unit），さらには評価区域全体の評価指標THU（total habitat unit）が求められた。

$$\text{HU} = \text{HSI} \times A \quad \cdots \quad (9.2)$$
$$\text{THU} = \sum \text{HU} \quad \cdots \quad (9.3)$$

ここで，Aは小地域の面積である。ニホンアカガエルの評価結果は，将来Aが将来Bと将来Cよりも相対的に影響が少ないことが判断され，将来Bは将来Cよりもハビタット損失が大きくなることが予測された。この環境アセスメントにおけるHEPの適用を実施したことにより，本事業を実施しな

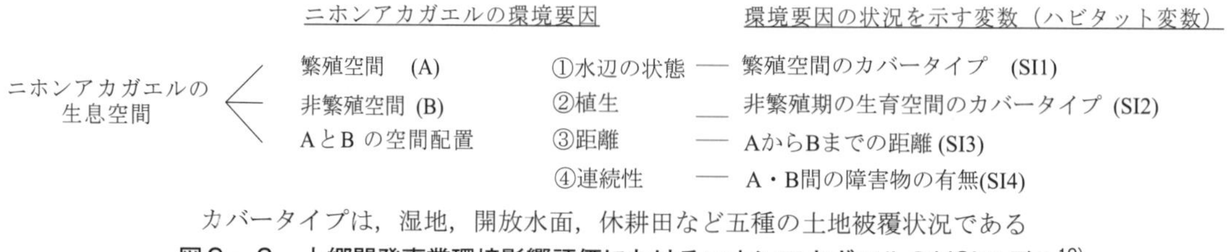

ニホンアカガエルの環境要因		環境要因の状況を示す変数（ハビタット変数）
繁殖空間 (A)	①水辺の状態	繁殖空間のカバータイプ (SI1)
非繁殖空間 (B)	②植生	非繁殖期の生育空間のカバータイプ (SI2)
AとBの空間配置	③距離	AからBまでの距離 (SI3)
	④連続性	A・B間の障害物の有無 (SI4)

ニホンアカガエルの生息空間 ←

カバータイプは，湿地，開放水面，休耕田など五種の土地被覆状況である

図9－2　上郷開発事業環境影響評価におけるニホンアカガエルのHSIモデル[10]

かった場合の予測を含む複数案の定量比較がいわゆる事業アセス制度下で可能になったことがわかり，具体的なミティゲーション方策を盛り込んだ事業計画の形成を誘導できたとしている。

HEPに代表される生態系の定量的評価は，今後多くの事例が積み重なり，その普遍的な有効性の検証が進んでいけば，環境アセスメントにおいてよりよい評価手法として導入されるだろう。また，事業の計画段階における環境配慮などについて複数の事業計画案の影響を予測・評価する戦略的環境アセスメントでは，生態系を対象とした事業影響の予測・評価について，複数計画案の影響を客観的かつ分かりやすく予測・評価する必要があるが，HEPのような定量的評価手法は複数案を客観的に理解するために有効であると考えられ，より効果的で，効率的な環境アセスメントの実行が可能になるのではないだろうか。HEPを含め，生態系の定量的評価が今後さらに発展し，環境アセスメントに導入されることが期待される。

9.5 生態系の保全と復元

生物多様性復元のために，生態系保全・復元地区を含めた土地利用計画の策定，遷移理論を用いた生態系復元などの試みが行われている。しかし，成功とはいえない事例も少なくない。その原因として，生態系の構造と機能を十分に把握しないまま復元工事等が始められることがあげられる。保全や復元などの工事は，「待ったなし」で始めねばならないことも多く，致し方ない部分もあろうが，少なくとも，保全・復元には「明確」な目標が必要である。たとえば，生態系劣化以前の種の何％が再生すれば成功か，景観が何％ほど類似した生態系が復元できたか，などがあげられる。現状分析をもとに，元に戻せるならば復元（restoration，狭義）を，完全な復元が無理な場合にはその途中相となる生態系への修復（rehabilitation）を，元の生態系とは異なる生態系に変化してもよいのであれば転換（transformation）が目標となる(図9－3)。もっとも望ましくない選択は，回復も転換もできずに復元を放棄することとなる。ここでは，酸性雨による森林劣化後および，スキー場造成後の生態系復元を事例に，生態学的な復元手法，特に，ナースプラントと定着促進効果について述べる。

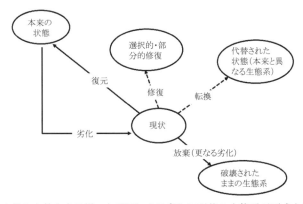

本来の状態の生態系は、人為を主体とする様々な要因により劣化し現状の生態系が形成される。生態系発達には、いくつかの過程（復元・修復・転換・更なる劣化）が見られる。狭義の復元は、これらの中で、本来の状態に戻せたときを意味する。広義の復元は、復元（狭義）・修復・転換を指す。

図9－3　生態系復元目標の区分

ヨーロッパでは産業革命以降，酸性雨(acid rain)が問題となっていたが，生態系への影響は1960年頃から顕著となった。酸性雨とは，日本ではpHが5.6より低い降雨のことを指す。酸性雨の原因は，主に化石燃料の燃焼による排出ガスの中に混じる硫黄酸化物(ソックス，SOx)や窒素酸化物(ノックス，NOx)などが大気中の水や酸素と反応し，硫酸や硝酸などの酸を生じることである。現在，世界規模で様々な規制が試みられているが，残念なことに酸性雨がなくなったわけではない。そのため，ヨーロッパや北米の針葉樹林では，多くの樹木が枯死し，湖沼の酸性化も観察されている。これらの森林がなくなることは，生態系サービスの低下をも意味する。そこで，劣化・消失した森林を復元する様々な試みがなされている。このような場所に，この地域の極相種である針葉樹を移植したところ定着率は非常に低かった。そこで，これらの種のファシリテータとして知られているサルビアの一種と共に移植したところ，針葉樹の生存率が高くなり，サルビアとの競争などによる成長低下は認められなかった[13]。これらのことは，ナースプラントを初期に導入することで安価・迅速で成功率の高い生態系復元が行える可能性を示唆している。さらに，ナースプラントを用いた生態系復元は，森林を速やかに発達させることで温暖化軽減にも貢献できる。

ヨーロッパアルプスでは，温暖化に伴いスキー場は2050年までに標高2,000 m以上のところでのみ経営可能と予測されている[14]。北海道で最も高い山は，大雪山旭岳で標高2,291 mである。ニセコ山系にはスキー場が集中しているが，最高峰のニセコアンヌプリは標高1,308 mにすぎない。従って，温暖化のスキー場に対する影響は日本の方がヨーロッパより深刻となるであろう。加えて，日本におけるスキー場造成は，山林中に行われるため大規模な森林伐採を伴い，ゲレンデとして使用可能とするため地剥ぎなどの地形改変がなされる。そのため，地表面の豊富な土壌栄養と埋土種子は除去されるため，スキー場造成は森林伐採に比べて強度ははるかに大きな撹乱である。地表改変を行った斜面は土壌侵食(soil erosion)が発生しやすく，砂防(erosion control)目的で牧草などの吹付けが斜面全体になされることが多い。日本では，既に経済的な理由からスキー場数は減少しつつある。放棄されたスキー場斜面は，放置しておくだけで元の森林に戻るのだろうか[15]。北海道低地では，放棄された斜面には，牧草地(裸地を含む)のまま，帰化植物が優占した草地，在来種が優占した草地，という三種類の植物群集が発達する。在来種が優占する草地の中でもススキ草地には，ヤナギ・ハンノキ・カンバ類といった先駆樹種の侵入定着が良好である。一方，帰化植物草地や牧草地では樹木の定着は不良であった。これらのことは，ススキ草地の発達が，他の植物群集に比べて，樹木の定着を促進し森林化を進めることを示している。この場合，植樹するよりもススキ草地の導入手法の開発，つまり，ナースプラント導入方法の開発が森林化を促進し，速やかな生態系復元につながる。

ビオトープ(biotope)は，本来の生物群集の生息空間という意味が転じて，生物が住む環境(ハビタット，habitat)を作ることと，その場所を指す。このことは，単に目的とする生物の移植や導入により復活させるだけでは，真の生態系復元とは言えないこと意味している。復元には，各生物の生息に適した環境を特定し，その「環境」と「生態系」を創出することが肝要である。その環境は，環境形成作用により次第に変化することも忘れてはならない。

引用文献

1）環境アセスメント学会：環境アセスメントを活かそう「環境アセスメントの心得」，環境アセスメント学会，2014.

2）環境省：計画段階配慮手続に係る技術ガイド，2013.

3）社団法人日本環境アセスメント協会：復興アセスのすすめ，2013.

4）田中章：HEP入門（新装版）－〈ハビタット評価手続き〉マニュアル－，朝倉書店，2012.

5）環境省：青森市清掃施設（新ごみ処理施設）建設事業の環境保全措置事例，
https://www.env.go.jp/policy/assess/4-2preservation/pdf/13hozen_aomoriH26.pdf.

6）国土技術政策総合研究所：道路環境影響評価の技術手法「13. 動物，植物，生態系」の環境保全措置に関する事例集，2013.

7）環境省：生物多様性分野の環境影響評価技術（Ⅰ）スコーピングの進め方について，1999.

8）上杉哲郎：生態系の定量的な評価手法への期待と課題，環境アセスメント学会誌，Vol. 1, No2, 7–10, 2003.

9）環境アセスメント学会生態系研究部会：HSIモデル公開用ホームページ，
http://www.yc.tcu.ac.jp/~tanaka-semi/HSIHP/index.html.

10）田中章：生物多様性オフセットに関連する取組について，
http://www.yc.tcu.ac.jp/~tanaka-semi/HSIHP/index.html.

11）田中章・大澤啓志・吉沢麻衣子:環境アセスメントにおける日本初のHEP適用事例, ランドスケープ研究, Vol 71, 2008.

12）環境省：環境アセスメント制度のあらまし，2012.

13）Castro J et al. : Use of shrubs as nurse plants: a new technique for reforestation in Mediterranean mountains. Restoration Ecology 10: 297-305, 2002.

14）OECD. : Climate change in the European Alps: Adapting winter tourism and natural hazards management. OECD Publishing, 2007.

15）Tsuyuzaki S. : Vegetation development patterns on skislopes in lowland Hokkaido, northern Japan. Biological Conservation 108: 239-246, 2002.

16）Nishimura, A. & Tsuyuzaki, S. : Effects of water level via controlling water chemistry on revegetation patterns after peat mining. Wetlands 34 ; 117-127, 2014.

コラム　自然再生事業（サロベツ高層湿原の復元）

　北海道では，明治以降の開発により湿原の多くが消失したが，現在でも湿原面積が日本最大である釧路湿原，ミズゴケ湿原としては日本最大であるサロベツ湿原など，多くの湿原が残っている。ミズゴケ湿原は，植物の栄養は主に雨水により供給される貧栄養な湿原であり，高層湿原とも呼ばれる。そのため，貧栄養かつ湿潤な環境に適応した特殊な植物が数多く見られる。これらの特殊な植物は，湿原減少に伴い絶滅危惧種となっている。しかし，残された湿原でも生態系の劣化を免れてはいない。

　北海道北端に位置するサロベツでは，農地開発や泥炭採掘により半分までに湿原面積が減少している。これらの湿原の再生を目的に2005年に自然再生協議会が設立されて以降，湿原自然再生，農業振興，地域づくりを目標に，行政機関，地域住民，NPO，専門家等が協力し取組みを進めている。大きく「高層湿原」，「ペンケ沼」，「泥炭採掘跡地」，「砂丘林帯湖沼群」という4つの自然再生目標があげられている。例えば，高層湿原の再生では，増え続けるササの侵入拡大を防ぐために，堰の設置による水位操作などの工学的手法をも組み入れた実験がなされている。

　泥炭採掘は，ピートモス等としての販売目的で1970－2003年にかけて毎年，3～22ヘクタールが行われた。泥炭とは，枯死した植物体の分解が不完全で炭化し黒褐色となった，いってみれば植物でもなければ土壌でもない部分を指す。採掘跡地では，条件がよければ，裸地→ミカヅキグサ草地→ヌマガヤ草地→ミズゴケ群集へ遷移する[12]。しかし，遷移が遅く，裸地のままの部分も相当残っている。そこで，この泥炭採掘跡地で分解性ネットの敷設による裸地から草地への速やかな誘導が試みたれた（写真−1）。実際に，ネットの敷設によりミカヅキグサの侵入定着は促進された。しかし，最終目標であるミズゴケ群集への誘導については道半ばであり，成功の可否を見極めるには更なる観測が必要であり，また遷移を促進する復元手法の開発が必要である。

写真−1　泥炭採掘跡地における分解性ネットを用いた裸地への植物定着促進による生態系復元。種子トラップ効果が期待できるネットを敷設したところでは，ミカヅキグサの迅速な種子の侵入と定着が促進されている。敷設2年後の様子であるが，ネットは自然に分解するため後処理も容易となる。

第10章　気候変動と生態系

10.1　気候変動

　第1章で述べたように地球の誕生以来，氷期・間氷期サイクルをはじめとして気候は大きく変動を続けている。本章で取り上げる気候変動（climate change）は，現在起きている人為的な原因による気候変動，いわゆる地球温暖化である。その変動幅は地質時代の気候変動に比べると小さいかもしれないが，変化が速いことに加え，脆弱な現代の人間システムが耐えられる変動幅を超える恐れがあるため，重要な地球的問題のひとつである。

　気候変動の原因は，大気中の温室効果ガス（greenhouse gas）の濃度変化である。温室効果（greenhouse effect）とは，長波放射（地表面や大気から放射される波長3μm以上の電磁波）を吸収・射出する性質を持つ気体（温室効果ガス）によって，大気の放射収支が変化する効果であり，それによって対流圏下部（地表付近）の熱環境も変化する。地球大気では二酸化炭素（CO_2），メタン（CH_4），一酸化二窒素（N_2O）などが主要な温室効果ガスであり，これらの循環には生物活動も関与する。

　温室効果ガスを発生する人間活動には化石燃料の燃焼の他，森林破壊，農業，廃棄物処理などがある。森林土壌は大量の有機物を含むため，森林破壊によって土壌有機物が分解して二酸化炭素を放出する。農業では水田や家畜からのメタン発生や，窒素肥料を起源とする一酸化二窒素の発生がある。有機物を含む廃棄物の処分場や下水処理からも，メタンが発生する。

　気候変動によって気温の上昇だけでなく，気候システム全体にさまざまな変化が生起し，さらに海面上昇も発生する。蒸発量の増加により全体的に降水量は増加するが，降水量分布は時空間的に集中する傾向が強まって大雨と干ばつの両方が増え，また台風などの熱帯低気圧の勢力が増す。さらに海流や海氷など海洋システム，大陸氷床や氷河など雪氷システム，河川や内陸湖など陸水システムなど

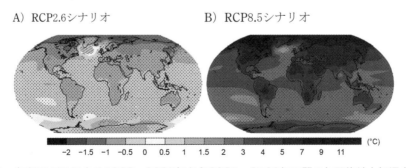

図10−1　気候モデルによる1986〜2005年から2081〜2100年の間の年平均地上気温上昇予測[1)]

多くの地球システムにも影響する。このような変化により，生物および生態系への影響は不可避である。図10-1に，気候モデルによって予測された2100年ごろの年平均気温上昇を示す。RCPは人為による将来の温室効果ガス濃度変化シナリオで，RCP2.6は低排出で変化は小さく，RCP8.5は高排出で変化は大きい。気温上昇には地理的な差があり，海洋よりも陸域の特に大陸内陸部，南半球よりも北半球，低緯度よりも高緯度での気温上昇幅が大きいと予測されている。

10.2 気候変動による生態系変化

10.2.1 生物季節と生理的変化

　生物の生活史のうち，1年周期の季節的な行動，生理および形態変化を生物季節（phenology）という。植物の生物季節には開葉および落葉，開花，種子散布，発芽・萌芽，休眠などがある。動物の生物季節には繁殖，羽化，渡り，溯上・降海，回遊，換毛（夏毛と冬毛の転換），冬眠などがある。

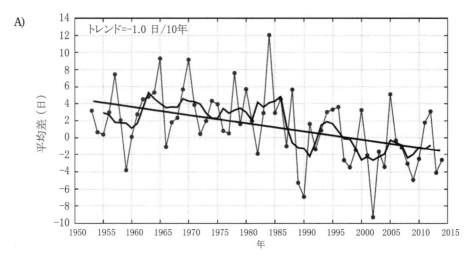

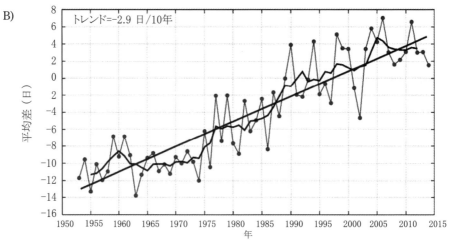

A）サクラの開花日（58か所平均），B）カエデの紅葉日（51か所平均）。1981年～2010年の平均を0日とした偏差を示し，太線は5年移動平均，直線は傾向を表す[2]

図10-2　1950年以降の日本における生物季節の変化

気候変動に伴うと考えられる生物季節変化は，すでに多数報告されている。図10－2は日本におけるサクラの開花日とカエデの紅葉日の変化で，サクラの開花は10年あたり1.0日早期化，カエデの紅葉日は10年あたり2.9日晩化している。北半球の植物では，開葉や開花など春の生物季節イベントが，草本植物と灌木では10年あたり平均1.1，樹木では3.3日早期化している[3]。北半球の鳥類41種の平均で，産卵日が10年あたり平均3.7日早期化しており，また春季の渡り（多くは越冬地から繁殖地への移動）も早期化する傾向にある[3]。

気候変動が，種間共生関係を変化させる可能性が指摘されている。ハチなどの昆虫は被子植物から食物（蜜）の提供を受ける見返りに，花粉を媒介して種子生産を助けている。これを送粉共生と言うが，この共生が成立するためには植物の開花期とハチの羽化・活動期が一致することが必要である。高山生態系では温暖年に開花期とハチの活動期のミスマッチが観察され[4]，気候変動によりこのミスマッチが常態化すると，双方の生存への影響が懸念される。

カメ，トカゲ，ワニなどの爬虫類の一部の種は，受精時ではなく孵化時の温度によって性決定するTSD（temperature-dependent sex determination）特性を持つ。このため，産卵場所の温度上昇によって性比が偏り，人口学的に個体群が衰退する可能性がある[5]。

10.2.2 生息地移動

第1章で示したように，気候は地理的な生物相分布を決定する要因である。気候変動によってバイオームの移動が予測されるが，モデルによる予測結果を図10－3に示す[6]。ユーラシアおよび北アメリカの北極海沿岸には現在の気候ではツンドラが分布するが，この地域は全球でもっとも気温上昇が

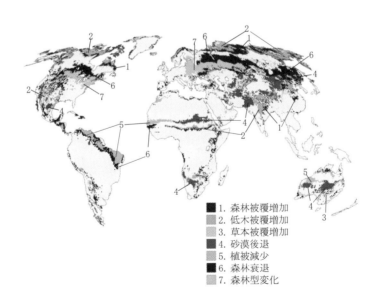

1. 森林被覆増加
2. 低木被覆増加
3. 草本被覆増加
4. 砂漠後退
5. 植被減少
6. 森林衰退
7. 森林型変化

気候モデルを用いたSRES A2シナリオによる気候を動的全球植生モデル（DGVM）に入力して計算した2100年の植生分布に基づく

図10－3　気候変動によるバイオーム分布変化予測[6]

大きく，森林限界の北上により亜寒帯針葉樹林に置換されて森林被覆が増加すると予測される。北半球の中緯度の広い地域では，森林の衰退や亜寒帯林から温帯林への森林型の変化が予測される。ユーラシア内陸部では砂漠化が緩和され草原への移行が予測されるが，南アメリカの大西洋岸では砂漠化による草原の減少が予測される。同様に日本でも，気候変動による潜在植生の変化が予測されている。南西日本の高地では，落葉広葉樹林から低地と同じ常緑広葉樹林に変化する。中部から東北の低地でも常緑広葉樹林が拡大し，落葉広葉樹林はより北部と高地に縮小する。北海道の低地では落葉広葉樹林が広く分布し，混交林は高地に縮小し，また高山植物はほぼ消失する。

　このような生態系の分布変化予測では，現在の分布から将来の分布への移行過程，すなわち生物の分布域の移動過程は考慮されていない。鳥類など運動性が高い種の移動は容易であるが，植物と一部の動物種の地理的移動は困難である。植物には個体の運動能力はないので，種子散布によって世代を重ねることでしか生息地移動はできない。図10－4に，生物種の地理的移動速度と予測される気候変動による気候帯の移動速度を示す[3]。特に気候移動速度が大きい低平地では，逃げ遅れる動植物種が多数存在することが分かる。また気候帯移動速度よりも速く移動できる種でも，海や山地などの移動障壁により移動が阻まれる場合もある。また陸水や湿地の水生生物では，新しい生息地への移動する経路がない場合も多い。

　高緯度への移動と同様に，気候変動によって同じ地域内の高標高への移動も予測される。植物にとっ

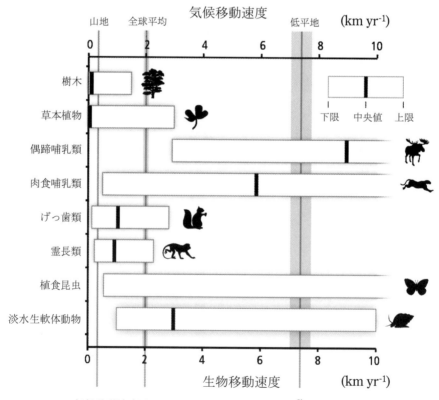

気候移動速度はRCP8.5シナリオによる予測値[3]
図10－4　生物移動速度と気候移動速度の比較

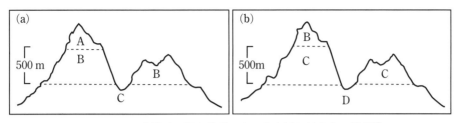

図10-5　生態系の標高移動による生息域面積変化の模式[7]

ては，高さ方向の移動も難しい。気温の断熱減率より，1℃の気温上昇は標高差160mに相当する。スイスアルプスでの調査による植物種の標高移動速度は10年あたり1～4mで，気候の移動速度に追いつけない可能性が高い[7]。また図10-5に示すように，標高移動によって生息域が変化したとき，絶滅の危険性が高まる[8]。生態系Aの個体群は，気候変動により絶滅せざるを得ない。またBは生息域の半分を失い，Cは連続していた生息域が2つに分断され，いずれも個体群の絶滅の危険性が高まる。

10.3　気候変動に脆弱な生態系

　水文学的に海と接続していない湖を，内陸湖と言う。中央アジアのアラル海はかつて湖面面積が世界第4位の内陸湖であったが，流入河川流域の大規模なかんがい農業によって流入水量が激減し，消滅しつつある。貯水量の減少に伴って湖水の塩が濃縮され，アラル海では塩分濃度が海水の2倍に達し，多くの水生生物が死滅した。さらに大きな湖には寒暖差や乾燥を緩和する効果があるが，消滅しつつあるアラル海では周辺の森林も衰退している。気候変動によるアラル海と類似の生態系影響は，他の内陸湖でも予測される。内陸湖のなかには，流域の高山の氷河や長期冠雪（万年雪）を水源とするものが多い。雪氷が衰退すると流入河川の水量が減り，また気温上昇による湖面と流域の蒸発増加によって，アラル海のように内陸湖が消滅する恐れがある。

　サンゴ礁は造礁サンゴを基盤とする浅海の生態系で，熱帯から亜熱帯の海域に分布し，生産性が高い。面積は全海洋の1％だが全海洋生物種の30％が生息し，生物多様性が高い生態系でもある。気候変動によるサンゴ礁の危機には，複数の要因がある。第一に，水温上昇による白化現象である。サンゴは体内に褐虫藻を共生させ，褐虫藻の光合成産物から栄養を得ている。海水温が30℃を超える状態が長期にわたるとサンゴから褐虫藻が離脱し，サンゴが白く見えることからこれを白化現象（breeching）と呼ぶ。白化現象が長期化すると，栄養を得られないサンゴは死滅する。近年，世界的に白化現象が増加傾向にあり，気候変動による海水温上昇が主因と考えられている。第二に，海洋酸性化による石灰化の阻害である。大気二酸化炭素濃度上昇により海水中の二酸化炭素が増加すると，海水中の重炭酸（H_2CO_3）の解離平衡が移動して水素イオン（H^+）が発生し，pHが低下する（酸性化）。造礁サンゴの骨格は石灰質（$CaCO_3$）であるが，酸性化によって海水の炭酸イオン（CO_3^{2-}）濃度が低下し，石灰化が阻害されてサンゴの成長が低下する。酸性化がさらに進行すると骨格が溶解し，サンゴが死滅する恐れもある。第三に，台風などの熱帯低気圧の勢力拡大による物理的なサンゴ礁破壊である。

マングローブは熱帯・亜熱帯の汽水域に成立する森林の総称で，生産性は高く，底生動物やそれらを捕食する哺乳類などの生息地として，生物多様性ホットスポットのひとつである。マングローブ種は他の樹種が生息できない高い塩分濃度でも生息できるが，生息地は干潮時に海水が引く潮間帯である必要がある。海面上昇によって潮間帯が失われると，マングローブは生息できなくなる。低平地が広がるガンジス川デルタ（バングラディシュ）などでは，海面上昇と高潮によって大規模なマングローブ衰退が予測される。

これらの他，すでに述べた移動障壁がある沿岸生態系，高山生態系（移動先がない高山も一種の移動障壁である）も，気候変動に対して脆弱である。

10.4 フィードバック効果

これまでに人為的に放出された二酸化炭素の内，現在大気に残留している量は放出量の40％程度であり，残りは陸域と海洋に吸収された。陸域への吸収は，陸上植物の光合成によるものである。海洋への二酸化炭素吸収にも生物が関与しており，陸域と海洋の生態系が気候変動の一部を緩和していることになる。

あるシステムの出力を入力に戻して新しい状態に移行する制御を，フィードバック（feedback）という。気候システムにもフィードバック効果があり，例えば北極海の海氷融解によって海水の太陽光吸収が増加し，さらに海氷融解が進むメカニズムや，海水温上昇により雲が増え，太陽光の反射が増えるメカニズムは，気候変動のフィードバック効果である。前者は変化を加速するのでポジティブ（正の）フィードバック，後者は変化を抑制するのでネガティブ（負の）フィードバックである。気候変動による陸域および海洋生態系の変化により，生態系の温室効果ガス吸収・放出のバランスが変化するため，その応答変化が正・負のどちらのフィードバックであるかによって，気候変動は加速されることも緩和されることもある。

10.4.1 陸域生態系の応答

陸域生態系による大気二酸化炭素の正味の吸収量は，増加している。その最大の要因は，光合成量の増加である。木本植物と多くの草本植物の光合成代謝経路はC_3経路と呼ばれ，二酸化炭素濃度の上昇に応答して光合成速度が上昇する。この応答を，二酸化炭素施肥効果（carbon dioxide fertilization effect）と言う。二酸化炭素施肥効果には植物の水利用効率（単位水利用量あたり生産量）が上昇する副次的効果があり，半乾燥地での植生被覆増加も水利用効率向上によって蒸散量を削減できるためと説明される。陸域生態系の光合成量増加は，二酸化炭素吸収量の増加によって気候変動を緩和するため，負のフィードバックと言える。

一方で，気候変動に伴う地温上昇が土壌有機物の分解（土壌呼吸）を促進し，生態系からの二酸化炭素放出が増加するという予測がある。土壌微生物による有機物分解速度は温度に対し指数的に増加し，10℃の上昇で約2倍になる。大量の有機炭素を土壌に蓄積しているツンドラ，亜寒帯林，熱帯泥

炭林などでは，温度上昇による土壌呼吸が光合成を上回る可能性もある。温度上昇による土壌呼吸の増加は，二酸化炭素の放出量増加によって気候変動を加速するため，正のフィードバックと言える。

　湿原は地下水位が高いため土壌が嫌気的であり，有機物分解が遅く二酸化炭素の発生は少ないが，嫌気的微生物代謝によるメタンの発生源である。メタン分子の炭素数は二酸化炭素と同じ1であるが，二酸化炭素の20倍以上の温室効果を持つ。気候変動による降水量減少や蒸発散量増加により，一部の地域では湿原が乾燥化すると予測される。湿原の乾燥化によって土壌が好気的に変化すると，メタンの放出は減少するが，二酸化炭素の放出は増加する。光合成の変化も含めて，気候変動下の湿原の正味の温室効果増減は未解明で，今後の観測データの蓄積と分析が必要である。

10.4.2　海洋生態系の応答

　図10-6に示すように，海洋への二酸化炭素吸収は，生物地球化学的な二段階の過程からなる。第一段階は溶解ポンプ（solution pump）で，大気と表層海水の二酸化炭素分圧差に比例する拡散過程である。海水の分圧が大気より低い海域では吸収，高い海域では放出が起きる。

　第二段階は生物ポンプ（biological pump）と呼ばれ，光合成による炭素固定と深層への炭素輸送から成る過程である。植物プランクトンなどの生産者は光合成によって表層海水中の炭素を同化するが，食物連鎖を通じて捕食・分解され，無機物に戻る。表層海水中で完全に無機化するならば，現存量が増加しない限り累積的な二酸化炭素吸収とはならない。しかし実際には，一次生産量の四分の一程度は未分解のまま粒子態および懸濁態有機炭素として沈降し，深層に移動後に無機化される。表層と深層の間に存在する温度躍層（thermocline）という安定成層のために両層間の海水交換は弱く，深層海水に移動した炭素は完全には表層には戻らない。結果として，表層海水が吸収した炭素は深層海水に移動して長期に貯蔵される。

　海洋生態系の一次生産は栄養塩によって制限されているため，海水中の二酸化炭素増加によってた

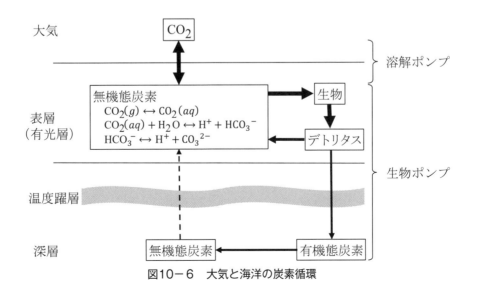

図10-6　大気と海洋の炭素循環

だちに生物ポンプが向上するわけではない。逆に海洋酸性化によって，円石藻や有孔虫などの石灰質の殻への炭素固定が低下する恐れがある。気候変動下の海洋の二酸化炭素吸収量には，水温上昇，酸性化，深層海水の湧昇など，さまざまな要因が関係するため，どのようなフィードバックが生じるかは複雑であり，今後の研究が待たれる。

引用文献

1）Intergovernmental Panel of Climate Change（IPCC）: Climate Change 2013, Summary for Policy Makers（SPM），2013.

2）気象庁：気候変動監視レポート2014，気象庁，2015.

3）Intergovernmental Panel of Climate Change（IPCC）: Climate Change 2014, Climate Change 2014 : Impacts, Adaptation, and Vulnerability, 2014.

4）Kudo, G. : Ecological Research, Vol. 29, No4, 571-581, 2013.

5）Janzen, F. J. : Proceedings of the National Academy of Science of the United States of America, Vol. 91, No16, 7487-7490, 1994.

6）Intergovernmental Panel of Climate Change（IPCC）: Fourth Assessment Report : Climate Change 2007, 2014.

7）Grabherr, G., Gottfried, M., Pauli, H. : Nature, Vol. 369, 448, 1994.

8）Peters, R. L., Darling, J. D. S. : BioScience, Vol. 35, No11, 707-717, 1985.

第11章　生物資源

11.1　生物資源の特性

　生物資源は，生物由来の物質や機能が持つ人間にとっての潜在的な利用価値であり，生態系サービスのなかの供給サービスに分類される（第12章参照）。生物資源の用途は食料（food），飼料（feed），肥料（fertilizer），繊維（fiber），林産品（forest products），燃料（fuel）工業原料（feedstock），薬品（fine chemicals）の"8F"をはじめ，多岐にわたる。これらのうち，食料と飼料は，他の資源（鉱物資源など）からは生み出せない生物資源固有の価値である。肥料，繊維，林産品，薬品は他の資源から生み出すことも可能だが（化学肥料，化学繊維，化学樹脂など），生物資源ならではの機能や価値を有している。燃料と工業原料の多くは他の資源で代替可能だが，環境性などの側面で生物資源を用いることの優位性がある。

　この章では生物資源の物質的価値について学ぶが，他に機能的価値として，遺伝子資源（genetic resources）は重要である。近年の分子生物学と遺伝子工学の発展により，野生生物の有用な遺伝子を抽出して他の生物に組み込み，高付加価値な品種や物質を工業的に生産できるようになった。遺伝子資源の採取，利用，管理には，倫理的課題と衡平な利益配分の課題があることのみ記しておく。

11.1.1　枯渇性と再生可能性

　各種資源の重要な特性に，枯渇性（exhaustible）と再生可能性（renewable）がある。枯渇性資源は資源の総量が有限で消費に伴って利用可能量（賦存量）が減少する資源であり，鉱物資源や化石燃料資源（石炭，石油，天然ガス）がこれに相当する。再生可能資源は時間とともに資源が再生するため，消費しても賦存量が減少せず，資源の総量が事実上無限である。太陽エネルギーや水資源が，これに相当する。水資源は過剰消費によって一時的に枯渇することはあっても，巨大な貯水槽である海を起点とする水循環によって早晩自然に再生する。

　生物資源はどうだろうか？生物資源の資源量は生態系の生産量であり，消費しても自然に再生するため，再生可能資源とみなされる。しかし，生物資源は過剰な消費によって枯渇する。乱獲・乱伐によって固有の利用価値を持つ生物種が絶滅すると，その資源は二度と再生しない。また熱帯林や半乾燥地など，土壌が未発達で生物生産基盤がぜい弱な生態系では，過剰な利用によって土壌が劣化し，元の生態系が自然には再生しない場合もある。生物資源は再生可能資源ではあるが，利用を誤ると枯渇する。

11.1.2 資源密度

次に，資源密度を考える。例えば鉱物資源では，目的の物質が岩石中に高濃度で含有されていることで，資源価値が高まる。採掘，輸送，抽出，廃棄物処理などのコストが低くなるためで，含有率が低い鉱山は資源価値がない。化石燃料でも，同じ場所に資源が豊富に存在しなければ開発できない。生物資源の場合も，資源密度が高いと価値が高まる。回遊魚など群れを作る動物資源は資源密度が高いため，資源価値が高い。そうでない生物資源については，人為的に資源密度を高くする。これを栽培といい，農業，畜産業，栽培漁業（養殖漁業），人工林，ゴムやオイルパームのプランテーションは，人為的に資源密度を上げてコストを下げているのである。

栽培による資源密度の上限は，太陽エネルギーの密度で決まる。栽培密度を高めても，密度効果（第4章参照）によって個体あたりの生産量が低下するため，資源密度は増えない。地上における平均太陽エネルギーは約20 $MJ\ m^{-2}\ day^{-1}$で，光合成によって資源化されるエネルギーはその1％程度である。この資源密度は，1カ所で1日100万バレル生産する大油田（$6 \times 10^9\ MJ\ day^{-1}$）と比較すると，驚くべき小ささである。しかし18世紀のエネルギー革命以前の人間社会は，この広く薄く分布する資源に全面的に依存していた。効率を追求した集約的資源利用を前提とする現代社会では，生物資源の有効利用には工夫が必要である。低密度資源から効率的に価値を産出する技術も必要であるが，小規模分散型利用（すなわち地産地消）など生物資源に適した用途と利用システムを開発することも重要である。

11.2 バイオマスエネルギー

生物資源のエネルギー利用（biomass energy；バイオマスエネルギー）は，今後急速に利用拡大すると予測される。その最大の理由は，バイオマスエネルギーの特性であるカーボンニュートラルにある。カーボンニュートラル（carbon neutral；炭素中立）とは，資源消費時に排出する二酸化炭素が資源再生時に吸収されるため，気候変動を起こさない特性である。燃焼時に二酸化炭素を排出する化石エネルギーの代替としてバイオマスエネルギーを用いることで，気候変動を緩和できる。

11.2.1 資源と変換技術

表11-1に，主なバイオマスエネルギー資源を示す。バイオマスエネルギー資源は，大別して生産系資源と廃棄物系資源に分かれる。生産系資源はエネルギー利用を目的として生産される資源で，樹木，穀物，油脂作物，草本植物，藻類などを栽培したものである。廃棄物系資源は，他の用途で生産された資源の未利用部分や副産物，あるいは使用後の廃棄物を有効利用したもので，間伐材，林地残材（伐採後に放置される部位），剪定枝，製材残渣，廃材，農業残渣（作物の茎葉，もみ殻など），畜産廃棄物（糞尿，敷料など），食品廃棄物，厨芥，下水汚泥などがある。

エネルギー資源（一次エネルギー）から直接利用可能な形態のエネルギーを取り出す過程を，エネルギー変換という。表11-1には，資源ごとに適するバイオマスエネルギー変換技術も示す。直接燃

表11-1　バイオマスエネルギー資源と変換技術の対応

系	種別	例	直接燃焼・木質ペレット	炭化・バイオコークス	ガス化	エステル化	バイオガス	バイオエタノール
生産系	早生樹木	ヤナギ,ポプラ ユーカリ	○	○	○			○
	草本	ネピアグラス スイッチグラス					○	○
	穀物	サトウキビ トウモロコシ						○
	水生植物	ヨシ,ウキクサ 藻類					○	○
	油脂作物	ナタネ,ダイズ オイルパーム				○		
廃棄物系	間伐材,林地残材,製材残渣		○	○	○			○
	農業残渣	藁,もみ殻 プランテーション更新		○	○		○	
	畜産廃棄物	糞尿,敷料			○		○	
	廃材・古紙		○	○				○
	食品廃棄物・厨芥				○		○	
	廃油					○		
	下水汚泥			○			○	

焼は木質バイオマスなどを燃焼させ，ストーブ，ボイラ，蒸気タービンで熱または電力に変換する技術である。木材をそのまま燃やすほか，木質バイオマスを乾燥，粉砕後圧縮成形して取り扱いを容易にした木質ペレットもある。既存の石炭火力発電所で石炭に木質バイオマスを混ぜて燃焼する発電方法をバイオマス混焼発電といい，新規設備投資が小さくて済むため普及しつつある。炭化は木質バイオマスなどを酸素制限下で部分熱分解して炭素含有率を高め，燃焼性が良い燃料（炭）を製造する技術である。木炭製造は伝統的な炭焼き窯でも行われているが，工業的な炭化装置も普及し，さまざまなバイオマス資源の炭化ができる。またバイオコークスは加圧下で部分熱分解したもので，強度と安定性が高い固形燃料として，石炭コークス同様に製鉄炉で利用可能である。ガス化は木質バイオマスなどを酸素制限下で熱分解し，揮発するガスにガス化剤を吹き込んで低分子の可燃ガス（メタン，一酸化炭素，水素など）を製造する技術である。可燃ガスはガスエンジン，ガスタービン，燃料電池などで利用する。

　エステル化は油脂（ナタネなどの搾油，食用廃油など）を化学反応によってメチルエステル化し，ディーゼルエンジンで使用可能な液体燃料（バイオディーゼル燃料）を製造する技術である。バイオガスは有機物を嫌気的に発酵させて生成するメタンを含む可燃ガスで，原料には生産系の草本や藻類

または廃棄物を用いる。バイオエタノールは糖質の原料を発酵させて生産するエタノールで，サトウキビから採取する糖液や，トウモロコシなどでんぷん質を酵素で糖化させた原料を利用する。物理的処理と加水分解によって糖化することで，木質などのセルロース系バイオマスも使用される。エタノールは，ガソリンと混合して使用する。

11.2.2 資源と変換技術の評価指標

エネルギー資源および変換技術の評価には，以下のような指標を用いる。発熱量（heat value）は単位重量の燃料から取り出せる熱量で，用途により三種ある。低発熱量（low heat value；LHV）は燃料が完全分解（炭化水素なら二酸化炭素と水に分解）するときの発生熱量である。ボイラなどでは燃焼ガスに含まれる水蒸気が凝結するときの潜熱を利用できるため，低発熱量に水蒸気の凝結潜熱を加えた高発熱量（high heat value；HHV）を用いる。バイオマス燃料は一般に水分を含むため，水の沸点以上の温度で熱分解（燃焼）する際には水の蒸発潜熱だけ利用可能な熱量が低下する。低発熱量から水の蒸発潜熱を控除した熱量を，有効発熱量（effective heat value）という。含水率が高い資源は有効発熱量が小さくなるため，直接燃焼やガス化には向かない。エネルギー効率（energy efficiency）は，資源の持つ発熱量に対する産出エネルギーの比である。炭，バイオディーゼル燃料，バイオガス，バイオエタノールなど燃料製品の製造では，資源の持つ発熱量に対する製造された燃料の持つ発熱量の比を収率（yield）という。

エネルギー変換を行うためには，外部からのエネルギー投入が必要である。エネルギー変換設備では，ポンプ，粉砕機，送風機などの動力，反応槽の加熱などの熱，設備プロセス管理用の電力など，さまざまなプロセスにエネルギーが投入される。さらに範囲を広げると，原料，薬品などの生産と輸送，製品の輸送，廃棄物処理にもエネルギーが必要である。また設備の運転中だけでなく，初期の設備建設や運転終了後の設備解体にもエネルギーが投入される。このように，製品やサービスの製造・消費・廃棄に関わる全ての過程（ライフサイクル）における投入や環境負荷を積算する評価を，LCA（life cycle assessment；ライフサイクルアセスメント）という。エネルギー資源や変換技術の選択において，産出エネルギー当たりのライフサイクル投入エネルギーを比較することで，真に資源効率が高い技術を選択できる。またライフサイクルでの二酸化炭素排出量（LC-CO_2）は，産出エネルギーあたりの気候変動影響の指標として使用される。

LCAにおいて，評価範囲（バウンダリ）の決定は重要であり，評価のケースごとに設定する必要がある。例えば木質ペレット利用を考える（図11－1）。原料に生産系資源である早生樹種を利用するエネルギー植林の場合，ライフサイクルは植林，除伐，伐採，集材，輸送，乾燥，粉砕，ペレット加工，出荷，燃焼というプロセスを全て含み，それぞれの投入エネルギーを積算する。一方，原料に廃棄物系資源である製材残渣（製材所で発生する樹皮，端材，のこぎりくずなど）を利用する場合，ペレット利用のライフサイクルは乾燥～消費のみで，植林～製材は含まない。その理由は，植林～製材の工程はエネルギー利用の有無に関わらず，整形材を製造する事業で投入されるエネルギーであ

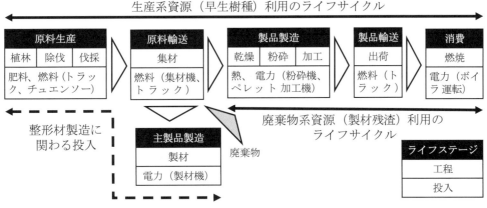

図11-1　木質ペレット利用のライフサイクルと投入エネルギーの例

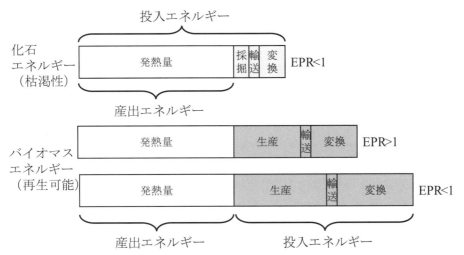

図11-2　化石およびバイオマスエネルギーにおけるエネルギー収支比（EPR）の考え方

り，この工程はエネルギー変換事業に帰属しないと考えることができる。エネルギー植林ではその事業自体が植林〜集材の工程にエネルギーを投入するため，その帰属はエネルギー事業にあるとみなす。

　投入エネルギーに対する産出エネルギーの比を，EPR（energy profit ratio；エネルギー収支比）という。EPRの考え方を，図11-2に示す。EPRが大きいほど，小さな投入エネルギーで大きなエネルギーを生産できることになる。EPRは資源の持続可能性の指標であり，EPRが1より大きいことは，エネルギー資源利用が持続可能であることを示す。化石燃料は資源の持つ発熱量を投入エネルギーに算入するので，EPRは必ず1より小さく，エネルギーを生産すると資源が枯渇に近づくことを示している。再生可能なバイオマスエネルギーは資源の発熱量を投入エネルギーに算入しないが，資源生産や変換での投入エネルギーが大きいとEPRが1より小さくなることもあり，バイオマスエネルギーといえども持続可能でない場合がある。

11.2.3 バイオマスエネルギーの課題

既述のように，バイオマスエネルギーの最大の利点は，再生可能であることと，カーボンニュートラルである。しかし，バイオマス起源エネルギーが全てカーボンニュートラルとは限らない。カーボンニュートラルは消費した資源が再生されることが前提であり，持続的栽培や再植林を行わない収奪的なバイオマス利用はカーボンニュートラルといえない。気候変動緩和対策の時限を考慮すると，資源再生に時間がかかりすぎても（例えば30年以上），やはりカーボンニュートラルの要件を満たすと言えない。

エネルギー資源としての利用しやすさを考えると，化石燃料と比較してバイオマスエネルギーには欠点が多い。まず，重量当たり発熱量が小さい。このため，同じエネルギーを利用するために燃料の貯蔵施設や変換施設が大規模になる。資源が広く薄く分散しているため，収集のための輸送距離が長くなる。品質が一定せず，不純物の混入もあり，前処理が必要である。収量が年々変動するなど生産量が一定せず，また収穫期が決まっている資源では資源生産が一時期に集中するため，平準化するための貯蔵が必要になることなどである。

生産系のバイオマスエネルギー資源には，食糧との競合問題がある。サトウキビは本来食用である。またエネルギー用のトウモロコシやダイズの生産拡大は，食用作物生産の減少につながる。2000年代に原油価格が上昇したときにエネルギー作物，特にトウモロコシの生産が急増し，食用穀物の価格が上昇した時期があった。世界の人口増加による食糧需給ひっ迫が予測されるなかで，この問題は重要である。また食用・エネルギー用を合わせた農地需要増加によって，生態系破壊が加速する危惧もある。

11.3 生物資源の持続的利用

国境が定まっている陸上の生物資源と異なり，どの国にも属さない公海の水産資源は乱獲を受けて枯渇しやすい。過去には激しい乱獲によって，北大西洋カナダ沖のタラは枯渇した。太平洋のクロマグロやニホンウナギは，将来の枯渇が懸念される。生物資源の持続的利用を図るため，再生可能資源が枯渇に至るメカニズムを理解する必要がある。

資源量に対する資源再生量を示す曲線を，再生産曲線（reproduction curve）という。資源再生量 P を資源量 R のロジスティック関数とすると（第4章参照），再生産曲線は次式で表される。

$$P = r\left(1 - \frac{R}{K}\right)R \quad \cdots\cdots\cdots (11.1)$$

ここで r は内的自然増加率，K は環境容量である。式（11.1）は $R-P$ 図上で，上に凸な放物線で表される（図11-3）。

収穫を行うとき，収穫量 Y は資源量 R に比例すると仮定すると，次式で表される。

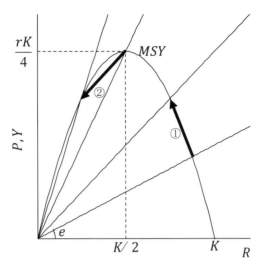

収穫努力eを増やすと，①$R>K/2$では収穫は増えるが，②$R>K/2$では収穫が減少し，枯渇に至る
図11－3 資源再生産と収穫量の関係

$$Y = eR \quad \cdots\cdots\cdots\cdots\cdots (11.2)$$

ここで，eは収穫努力である。収穫努力とは，例えば漁船の数，操業日数などで決まる収穫能力である。収穫を行うときの資源量の時間変化は，資源再生量Pと収穫量Yの差となる。

$$\frac{dR}{dt} = P - Y \quad \cdots\cdots\cdots\cdots\cdots (11.3)$$

ここで，tは時間である。$P=Y$のとき再生産と収穫が平衡状態になり，資源量は定常になる。そこで，持続可能な収穫の条件を$dR/dt=0$とすると，この条件下での収穫量の最大値を，MSY（maximum sustainable yield；最大持続可能収穫量）という。MSYは式（11.1）のPの最大値と等しいため，$R=K/2$のときに$Y=P=$MSYとなる。従って，

$$\text{MSY} = \frac{rK}{4} \quad \cdots\cdots\cdots\cdots\cdots (11.4)$$

また，このときの収穫努力は$e=r/2$である。$R>K/2$の領域では収穫努力を大きくするほど収穫は増加するが（図11－3①），$R>K/2$までも収穫努力を大きくすると，平衡後の収穫は逆に低下し（②），資源量は加速的に減少して枯渇に至る。

　合理的に収穫努力を制御することができれば，乱獲とそれによる資源枯渇を防止できるわけだが，実際には困難である。まず実際の現場で再生産曲線を決定することは難しく，また自然変動によって資源量も再生量も変化する。収穫努力を増やすためには投資が必要なため，いったん収穫努力を上げてしまうと，たとえ資源量が減少しても，経済的には資本を回収できるまで努力を維持するしかない。

仮に資源枯渇が予見できたとしても，将来の収穫の価値は現在の同じ収穫の価値よりも割り引かれるという経済的原理により，将来の収穫を維持するより現在の収穫を増す方が経済的に合理性な判断である。

　公海の資源は所有者がいない無主物であり，たとえ枯渇しても個々の事業者が負う責任はない。またある事業者が収穫努力を増やすと，同じ資源を利用する他の事業者の収穫が減少するので，収穫努力を増やす「軍拡競争」に陥りやすい。資源が私有物であるなら，所有者が利益と損失を考慮して持続的に管理できるところ，それが共有物であるときには個人の利益最大化行動が資源枯渇を引き起こし，結果的に全員が損失を受ける。このような問題を「共有地（コモンズ）の悲劇（the tragedy of commons）」という[1]。このような場では，全体の利益のために個々の事業者の利益を制限する必要がある。国際漁業交渉はこれを実現する枠組みであるが，資源枯渇を完全に防止するまでには至っていない。

引用文献

1) Hardin, G. : The Tragedy of the Commons, Science, Vol. 162, 1243-1248, 1968.

参考文献

1) 日本エネルギー学会：バイオマスハンドブック，オーム社，2009.
2) 松田裕之：環境生態学序説，共立出版，2000.
3) 日本生態学会：生態学と社会科学の接点，共立出版，2014.

第12章　生態系サービスの意義・現状・将来

　本章では，生態系から人間から得ているさまざまな恵みの総称である「生態系サービス」という概念を窓口として，その理論と評価・分析方法について，近年の国内外での最新の研究成果と事例に基づいて紹介する。生態系サービスの研究ではしばしば自然科学と社会科学の融合的なアプローチが重要となり，その意味で，両者を駆使しつつ操作可能な方法で実践的に問題解決を志向する工学の役割は大きい。

12.1　生態学と生態系サービス

　生態学では伝統的に生物の個体からそれ以上のレベルの生命現象と，それに関係する諸要因（環境要因，社会的要因等）を研究対象とすることが多い。そのため，生態学では，しばしば研究対象となる生態系の分類に応じて，海洋生態学，陸水生態学，森林生態学だったり，生物の分類群にあわせて，植物生態学，昆虫生態学といった下位単位で研究が主に自然科学者によって進められてきた。[1]

　一方で，人類の歴史は，自然（生態系）の恵みをいかに利用し，わかちあい，そして奪い合いあってきたか，ということに集約できるかもしれない。その恵みには，果実，穀物，野菜，動物の肉や卵，薬草，木材，魚介類，水，塩，香辛料，茶などさまざまな産物が含まれる。「生態系サービス」とは，このように生態系から人々が得ているさまざまな恵み（benefits）の総称として，近年世界規模でひんぱんに使われるようになった概念である。[2]

　「生態系サービス」という概念が広く使われるようになった契機となったのが，2001年から2005年にかけて世界規模で実施されたミレニアム生態系評価（MA）とよばれる生態系評価の取組みである。このMAでは，従来のように生態系そのものを評価対象とするのではなく，生態系と人間の福利（human wellbeing）との関係性が評価対象の焦点とされた。このような評価はこの当時十分な研究蓄積がなかったことから，MAではその評価に先だって，評価のための用語の定義と概念枠組みの開発が行われた。MAでは生態系サービスには，①供給サービス（食糧や水，木材，燃料などの供給），②調整サービス（洪水・気候調整），③文化的サービス（レクリエーションや精神的・教育的な恩恵），④基盤サービス（栄養塩循環や土壌形成等）の四種類があるとされた（表12−1）。[3], [4]

　なお，「生態系サービス」という概念が最初に使われたのは1960年代後半とされる。ただし，本格的な研究が進んだのは1990年代後半以降であり，環境経済学者のロバート・コスタンザ（Robert Costanza）やハーマン・E・デイリー（Herman E. Daly）の研究が有名である。

表12-1　グローバルな生態系評価で用いられた生態系サービスの体系[4]

生態系サービスの種類	サブカテゴリー
供給サービス	食料（作物，家畜，漁獲，養殖，野生動植物製品） 繊維（木材，綿，絹・ヘンプ，薪炭） 遺伝資源 生物化学品，天然医薬 装飾資源 淡水
調整サービス	大気質制御 気候制御（グローバル，リージョナル・ローカル） 水制御（洪水制御） 土壌侵食制御 水質浄化と排水処理 病害虫制御 花粉媒介 自然災害制御
文化的サービス	精神的・宗教的価値 知識体系（ナレッジ・システム） 教育的価値 インスピレーション 審美的価値 社会関係 場所性（sense of place） 文化的遺産価値 レクリエーションとエコツーリズム
基盤サービス	土壌形成 光合成 一次生産 栄養塩循環 水循環

12.2　我が国の生物多様性と生態系サービスの状況

12.2.1　日本の里山・里海評価（JSSA）

　日本のJSSA（Japan Satoyama Satoumi Assessment；里山・里海評価）は，里山・里海がもたらす生態系サービスの重要性やその経済および人間開発への寄与について，科学的な信頼性を持ち，かつ政策的な意義のある情報を提供することを目的として2006年後半から計画がはじまり，2007年から国レベルでの評価と全国5つの地域（クラスター）での評価が進められ，2010年に評価結果が発表された。

　JSSAでは，MAの概念的枠組みを踏襲しつつ，独自の概念枠組みの構築が里山・里海の再定義と同時に進められた。その結果，JSSAでは，里山・里海ランドスケープは「人間の福利に資するさまざまな生態系サービスを提供する管理された社会・生態システムで構成される動的モザイク」と定義された[10]。この定義は，日本発の概念である里山・里海を国際的な科学コミュニティに発信することも

意識し，MAをはじめとする近年の研究動向を踏まえ，①里山・里海と人間の福利との関係，②多様な生態系サービスの源泉としての里山・里海，③そしてそれが自然生態系と社会システムとの相互作用によって維持された動的モザイク性，という3点が強調された．

12.2.2 JBO (Japan Biodiversity Outlook; 生物多様性総合評価)

グローバルスケールでの生物多様性に関する総合的な評価としては，すでに「地球規模生物多様性概況」（Global Biodiversity Outlook；GBO）が4次にわたって公表されてきた．その日本版として実施されたのが，日本の生物多様性の総合評価（JBO）である．第一次JBO（JBO-1）は，2008年から2010年にかけて行われ，日本の森林，農地などの生態系の区分ごとに，評価のための指標を設け，各指標の推移を説明するデータをもとに，過去50年の生物多様性の損失の大きさと現在の傾向の評価が行われた．その結論として，「人間活動にともなうわが国の生物多様性の損失は全ての生態系に及んでおり，全体的にみれば損失は今も続いている」としたうえで，損失の要因として，「第1の危機（開発・改変，直接的利用，水質汚濁）」，「第2の危機（里地里山等の利用・管理の縮小）」，「第3の危機（外来種，化学物質）」，さらに「地球温暖化の危機（地球温暖化による生物への影響）」の程度について示された．[11]

第二次JBO（JBO-2）は，2014年度から2015年度にかけて実施され，その結果は2016年3月に公表された．JBO-2では，JBO-1で課題として残されていた生態系サービスの評価が加えられ，「生物多様性の損失の要因」，「生物多様性の損失への対策」，「生物多様性の損失の状態」，「人間の福利と生態系サービスの変化」が評価対象とされた．損失の要因と損失への対策は「生物多様性の危機」別に，損失の状態は生態系別に，生態系サービスについては，それが貢献する人間の福利毎に評価が行われた．その結果として，生物多様性と生態系サービスの総合評価の主要な9つの結論が導かれた（表12-2）．[12]

12.3 社会資本と生態系サービス

上述のとおり，近年では生態系に関する科学的評価において，「生態系サービス」の評価が主流化しつつある．その背景には，2012年に設立された「生物多様性及び生態系サービスに関する政府間プラットフォーム」（IPBES）によるグローバルスケールでの評価の取組みがある．IPBESは，意思決定機関として全加盟国が参加する総会と，IPBESの管理運営機能を担うビューロー，IPBESの活動を科学・技術的な側面から支える学際的専門家パネルで構成され，以下の4つの機能を持つこととされている．[2]

① 政策担当者が必要とする重要な科学的情報を特定，優先順位をつけ，新たな知識生成の促進する機能
② 世界規模及び地域レベルの評価を定期的かつタイムリーに実施する機能
③ 政策の立案や実施を支援する機能
④ 科学と政策との連携の改善と関係者の能力養成の機能

表12-2　JBO-2で示された生物多様性と生態系サービスの総合評価の9つの結論[12]

1．生物多様性の概況については，前回評価時点である2010年から大きな変化はなく，依然として長期的には生物多様性の状態は悪化している傾向にある。その主要因についても，前回と変わらず，「第1の危機（開発・改変，直接的利用，水質汚濁）」，「第2の危機（里地里山等の利用・管理の縮小）」，「第3の危機（外来種，化学物質）」及び「第4の危機（地球規模で生じる気候変動）」が挙げられる
2．2010年に比べ情報が揃いつつあることから，第4の危機のうち，「気候変動による生物の分布の変化や生態系への影響」が起きている確度は高いと評価を改めた。今後も気候変動が拡大すると予測されており，現在，なお影響が進む傾向にあると考えられる
3．私たちの生活や文化は，生物多様性がもたらす生態系サービスによって支えられている。しかし，この国内における生態系サービスの多くは過去と比較して減少又は横ばいで推移している
4．国内における供給サービスの多くは過去と比較して減少しており，とりわけ，農産物や水産物，木材等のなかには過去と比較して大きく減少しているものもある。林業で生産される樹種の多様性も低下しており，供給サービスの質も変化してきた
5．供給サービスの減少には，供給側と需要側の双方の要因が考えられ，前者としては過剰利用（オーバーユース）や生息地の破壊等による資源状態の劣化等が，後者としては食生活の変化や食料・資源の海外からの輸入の増加等による資源の過少利用（アンダーユース）が挙げられる
6．アンダーユースの背景には，食料・資源の海外依存の程度が国際的に見ても高いことがある。こうした海外依存は，海外の生物多様性に対して影響を与えるだけでなく，輸送に伴う二酸化炭素の排出量を増加させているおそれがある。また，国内での食料・資源の生産減少に伴い，耕作放棄地等が増加している。経済構造の変化に伴う地方から都市への人口移動により，農林水産業の従事者は減少し，自然から恵みを引き出すための知識及び技術も失われるおそれがある
7．人工林の手入れ不足等の増加により，土壌流出防止機能を含む調整サービスが十分に発揮されない場合がある。また，里地里山での人間活動の衰退により，野生動物との軋轢が生じ，クマ類による負傷等のディスサービスが増加している
8．全国的に地域間の食の多様性は低下する方向に進んでいる。また，モザイク的な景観の多様度も低下している。このため，自然に根ざした地域毎の彩り，即ち文化的サービスも失われつつあることが示唆される
9．自然とのふれあいは健康の維持増進に有用であり，精神的・身体的に正の影響を与える。このような効果は森林浴からも得られるとされ，近年では森林セラピーの取組も進められている。都市化の進展により，子供の遊び等の日常的な自然との触れあいが減少している一方で，現在でも多くの人が自然に対する関心を抱いており，近年ではエコツーリズム等，新たな形で自然や農山村との繋がりを取り戻す動きが増えている

　IPBESでは，個別の評価（アセスメント）に先立ち，概念枠組み（conceptual framework）の設計が行われた（図12-1）。この概念枠組みとは，IPBESのアセスメント，知識創出，能力形成，政策支援の主要機能の推進を触媒し，作業計画の実施を促すための共通の理論的な枠組みのことである。概念枠組みは，人間と自然の間の複雑な相互作業を高度に簡略化したモデルであり，当該モデルには，その主要な構成要素と要素間の関係，IPBESの目標との関係が記述されている。多様な学問領域の研究者，政策立案者，地域社会の関係者など，多様なステークホルダーが，共通理解もとで協働してIPBESの作業計画を実施していくためには，この概念枠組みが共通の知的基盤になる。

　IPBESとMAの概念枠組みと間の最大の違いは，①自然（生物多様性と生態系）が独立した構成要素として明示的に組み込まれたこと，②それと連動して生態系サービスの区分は，供給サービス，調整サービス，文化的サービスの3区分とされ，MAでの基盤サービスは生態系（自然）の機構・機能として位置づけられたこと，③人間の福利に直接的に影響を与える因子として，生態系サービスだけ

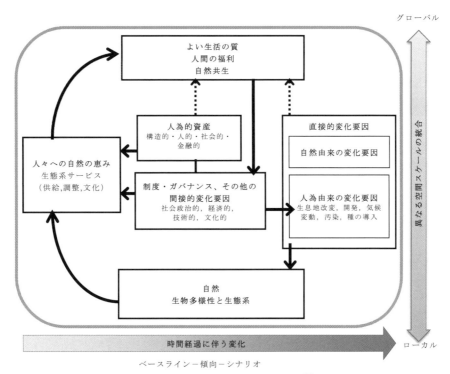

図12－1　IPBESの概念枠組み[2]

でなく，人為的資産（anthropogenic assets）が明示的に追加されたこと，④直接・間接的な変化要因，生態系サービス，人為的遺産のそれぞれの要素に働きかける因子として制度とガバナンスが図の中央に明示されたことである（図12－1）。[2]

①と②の点についてさらに踏み込むと，ストックとしての自然資本とそこから得られるフローとしての生態系サービスを明確に区分したということである。MAではもっぱら生態系サービスの評価に焦点を当てるあまり，フローとしての生態系サービスの評価にとどまり，その源泉となっているストック側の自然資本への評価が不十分であった。こうした課題を改善する意図がIPBESの概念枠組みには込められている。

また，自然資本から生態系サービスを得る場合，通常，自然資本と生態系サービスとの間を社会資本（人工資本，人的資本，社会関係資本）が媒介している。例えば，山菜やキノコ類を山から得る場合，山菜やキノコを同定する知識，山にアクセスするための林道（人工資本），そして採集者（人的資本），山菜やキノコの採集に関する地域の伝統や慣行（社会関係資本）が必要となる。IPBESの概念枠組みで新たに導入された人為的資産という概念は，こうした自然資本以外の諸資本の役割を明示的に扱うことを促すものである。

日本の里山地域における観光資源を，上記のストックとフローに枠組みで整理すると，山岳や渓谷のように主として自然資本から提供される生態系サービス，地域景観や農地のように自然資本と社会資本の双方の組み合わせによって発揮されるサービス，そして祭や伝統行事，博物館等のように主に

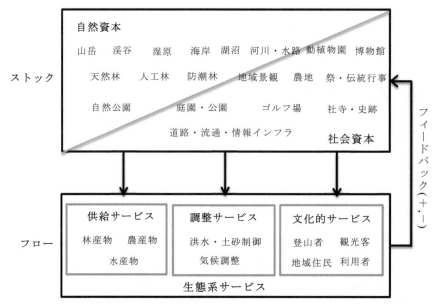

図12−2　里山地域の主な観光資源におけるストックとフローの関係模式図[13]

社会資本を介して提供されるサービスの3つに分類することができる（図12−2）。ただし，この3分類の境界は連続的であり，その間の明確な線引きは困難である。

日本を含む先進国の多くでは，人間の福利は生態系サービスだけで規定されているわけでなく，技術や輸入品を含めて社会資本ないし人為的資産が果たしている役割が無視できない。この点は，日本でのJSSAを通じてしばしば指摘されてきた課題であり，③の要素の追加はこうした議論が反映された成果である。

生物多様性と生態系サービスの評価では，これまで生態学者など自然科学者が中心的な役割を果たしてきた。だが，学際的なアプローチを強く標榜するIPBESでは，④のとおり概念枠組みの中心に制度やガバナンスが配置され，社会科学者や工学系の研究者との協働の重要性が概念枠組みのなかの隠れたメッセージである。

12.4　自然資本と生態系サービスの持続可能な利用と管理に向けて

JBO-2の結論（表12−2）で示されているとおり，日本では生物多様性に対して「第1の危機（開発・改変，直接的利用，水質汚濁）」，「第2の危機（里地里山等の利用・管理の縮小）」，「第3の危機（外来種，化学物質）」，そして「第4の危機（地球規模で生じる気候変動）」まで，4つの危機があげられている。このうち，第2の危機については，一部の供給サービスの過剰利用（オーバーユース）がみられる一方で，食生活の変化や食料・資源の海外からの輸入の増加等による資源の過少利用（アンダーユース）が耕作放棄地等の増加，地域間の食の多様性の低下を引き起こしている。

JBO-2では，今後の課題のひとつとして，「政策効果の分析及びシナリオ分析による行動の選択肢の提示」があげられている。これは，政策による生物多様性や生態系サービスへの効果を評価すると

ともに，関係主体別の行動の選択肢やシナリオを提示し，それぞれについてどのような生物多様性及び生態系サービスの変化が生じるか，予測を行うことが含まれる．このような評価・分析はいくつかの仮定やシミュレーション等の併用により実施されたものが存在するものの，実証的かつ網羅的には未だ十分に行える段階に達していない．[12]

そこで，今後は政策効果の分析及びシナリオ分析を実現するため，対策オプションと効果（土地利用の変化予測）に関する研究を推進する必要がある．さらに，土地利用変化に加え気候変動による将来の生物多様性及び生態系サービスの時空間的変化の予測に関する研究等を推進し，知見を蓄積する必要があるだろう．

こうした課題に対応するためには，従来からの自然科学的な研究アプローチだけでは不十分であり，生態システム（生態系）と社会システムを統合的な「社会・生態システム」として，システム論をベースに，社会科学，工学系の研究者が連携して，社会の多様な関係主体との対話を含む超学際的なアプローチ（transdisciplinary approach）で研究を進めていくことが望ましい．このような研究では，例えば，自然資本（ストック）と生態系サービス（フロー）との間に，各種社会資本を含む中間項を設定し，利用可能なデータを用いて操作可能なモデルを構築し，将来的な生態系サービスと人間の福利の変化について定量化・可視化することが求められる．こうした研究を効果的に進めるためには，環境や生態系について正確な知識を持ちつつ，それを工学的に応用・展開していく工学系研究者の役割がひと際重要となる．工学者が自然科学と社会科学の触媒となり，自然資本と生態系サービスの持続可能な利用と管理に向けた将来的なソリューションを社会に提示していくことを期待したい．

引用文献

1）巌佐庸・松本忠夫・菊沢喜八郎・日本生態学会（編）：生態学事典，共立出版，2003.

2）橋本禅・齊藤修：農村計画と生態系サービス，農林統計出版，2014.

3）Millennium Ecosystem Assessment（MA）：Ecosystem and human well-being：A Framework for Assessment, Island Press, 2003.

4）Millennium Ecosystem Assessment（MA）：Ecosystems and Human Well-Being：Synthesis, Island Press, 2005.

5）King, R. T.：Wildlife and man. NY Conservationist, 20（6）：8-11, 1966.

6）Helliwell, D. R.：Valuation of wildlife resources. Regional Studies, 3：41-49, 1969.

7）Costanza, R., d'Arge, R., de Groot, R., Farber, S. Grasso, M., Hannon, B., Limburg, K., Naeem, S., O'Neill, R. V., Paruelo, J., Raskin, R. G., Sutton, P., and van den Belt, M.：The value of the world's ecosystem services and natural capital. Nature, 387（6630）：253-260, 1997.

8）Daily, G. C.：Nature's services：societal dependence on natural systems, Island Press, 1997.

9）Daily, G. C., Söderqvist, T., Aniyar, S., Arrow, K., Dasgupta, P., Ehrlish, P. R., Folke, C., Jansson, A. M., Jansson, B. O., Kautsky, N., Levin, S., Lubchenco, J., Mäler, K. G., Simpson, D., Starrett, D., Tilman, D.,

and Walker, B. : The value of nature and the nature of value. Science, 289 : 395-396, 2000.
10) 国際連合大学高等研究所日本の里山・里海評価委員会編：里山・里海―自然の恵みと人々の暮らし，朝倉書店，2012.
11) 環境省生物多様性総合評価検討委員会：生物多様性評価，環境省，2010.
12) 環境省 生物多様性及び生態系サービスの総合評価に関する検討会：生物多様性及び生態系サービスの総合評価報告書，環境省，2016.
13) 齊藤修：里山地域の観光開発における自然資本と社会資本のオーバーユースとアンダーユース：ゴルフ場を例として，環境情報科学，45-3：(18-22)，2016.

第13章　生態系サービスの経済評価

13.1　生態系サービスと経済学

13.1.1　経済価値と評価

　森林や湖沼，河川などの自然資本をストック，自然資本から人々にもたらされるフローを生態系サービスとして定義できる。森林は多様な生態系サービスを生み出す自然資本の代表例である。森林は人々にレクリエーションの機会を提供し，水資源を涵養し，水質を浄化する環境面での役割のほかに，土砂崩れなどを防ぐ防災面での役割を発揮する。生態系サービスの価値は，環境経済学分野においては貨幣単位の経済価値を表す。生態系サービスには，供給サービスのように，市場で取引されているものもあるが，環境や防災，文化に関わるサービスについては，市場で取引されることはまれである。それらの価値に対して，どのようにアプローチを行うかが経済評価の鍵となる。

　生態系サービスが適切かつ持続的に発揮されるように維持保全すること，そして生態系サービスの損失を回避することは重要な政策課題である。生態系サービスの貨幣単位での便益が明らかになると，保全政策実行に必要な予算（費用）との比較が可能となる。つまり，費用便益分析において生態系サービスの便益が可視化され，政策に投じられる費用と便益が適切に比較されることは，政策的意思決定にとって重要な要素となる。

　生態系サービスなどの環境価値を貨幣換算するための経済評価手法は，1980年代以降急速に発展し，世界各国においてさまざまな意思決定の場で活用されている。日本では1990年代前半以降に普及し，2000年前後には中央省庁の政策評価への適用が急速に進められた。現在では，国土交通省や農林水産省，環境省など複数の事業において，費用対効果分析マニュアルのなかに経済評価手法が使用されている。さらに，2010年に名古屋市で開催された生物多様性条約第10回締約国会議（COP10）においてTEEB（生態系と生物多様性の経済学）の統合報告書が公表され，政策やビジネスへの応用に急速に関心が高まってきた。

　自然資本や生態系サービスの経済評価は，いわば自然環境に値札をつける行為であり，常に批判がつきまとう。生態系サービスを重要と考えている人々の間でも意見の相違があり，現実の市場で取引されていないサービスを価値づけすることには賛否両論がある。

　チャールズ・D・コルスタッド（Charles D. Kolstad）は，「環境経済学への経済学からのもっとも重要な貢献は非市場財の需要の測定についてであろう。この需要の測定に関するいくつかの方法は大変な論争の的となった。表明選好法は人々に環境をどのように評価するか直接たずねるものである。そうした方法はよくてもバイアスのある，悪くすると無意味なものであるとの痛烈な指摘をする人も

いるが，有効で大変重要であるという人もいる。現在の非常に活発な研究領域は需要の測定のための理論と手法についてである」と記した[1]。

本章では，上記の点を踏まえつつ，生態系サービス価値の経済評価について説明する。ただし，経済評価については，市場取引されていない財・サービスを取り扱うという点での誤差，アンケート調査などのデータ収集方法に起因する誤差，そして計量モデルの推定に伴う誤差が発生することについて，工学を専攻する学生には特に注意を喚起しておきたい。モデル分析の限界，データの制約などがあり，誤差を完全に回避することは困難である。しかしながら，生態系サービス保全のための重要な情報である経済価値を評価することへの社会的要請が背景としてあり，経済評価手法に関する学術研究が活性化し，信頼性や妥当性の向上が進んできていることを強調しておきたい。

13.1.2　経済学的定義

自然資本や生態系サービスは，経済学では環境財・サービスとして定義される。環境財および環境サービスは，公共財と外部性の観点から考えると理解しやすい。外部性とは，個人や企業などの経済主体の行動が，市場を経由せずに他の経済主体に影響を与えることを示す。例えば，公害などの環境汚染により，企業活動と関係のない周辺住民が健康被害を受けている場合には，外部不経済が発生している。他方，森林保全活動により健全な水源が保たれ，人々が湧水を利用している場合には外部経済が発生している。

公共財とは，一般に市場で売買される商品（私的財）とは異なり，非排除性と非競合性を有することが特徴である。非排除性とは，無料でその財を利用しようとする消費者を排除できないことを意味する。非競合性とは，多くの人々が同時に同じ量と質の財・サービスを消費できることを意味する。非排除性と非競合性が存在すると，一般的に民間企業による財・サービスの供給は失敗し，政府によって公共財・サービスとして供給する必要が生じる。

一般の環境財・サービスと同様に，生態系サービスの多くは公共財・サービスや外部性の性質を有する。そのため，市場を介して適切に供給されず，市場価格がつかないことが多い。その結果として，環境価値の経済評価手法を開発する必要が生じたのである。

13.1.3　生態系サービスの総経済価値

自然資本と生態系サービスの価値を考える際には，総経済価値の観点から接近することが有用である。総経済価値は，利用価値と非利用価値に分類される。生態系サービスは自然資本から人々に供給される有用なものであり，主に利用価値の観点から捉えることができる。しかしながら，自然資本を含めて考察し，経済評価手法を学ぶ上で非利用価値に関する理解も不可欠であるため，両者について説明を行う。

利用価値は，環境財・サービスを直接・間接的に利用することにより発生する価値である。利用価値は直接利用価値と間接利用価値に分けられる。直接利用価値の大部分は私的財として市場で取引さ

れる。食料や繊維，燃料など供給サービスに分類されるものの多くは直接利用価値を有する。直接利用価値はさらに消費的と非消費的性質に応じて分類される。農畜産物や水産物などは消費的直接利用価値，レクリエーション，研究や教育などに供される価値は非消費的利用価値に分類される。非消費的利用価値には主に文化的サービスが含まれる。

間接利用価値は調整サービスに分類されるものが中心である。森林や緑地が有する大気汚染の緩和，疾病の抑制，受粉，湿地の水質浄化などがその典型である。森林が有する土砂崩壊・土壌流亡防止など防災に関わる調整サービスも含まれる。

オプション価値は，利用価値と非利用価値の一部として分類され，人々が将来，生態系サービスを利用する選択肢を残しておくことに対して人々が感じる価値を示す。不確実性がある場合の将来の利用価値がオプション価値である。

上記の利用価値に関する議論は生態系サービスの価値を考える上で理解しやすい。他方，自然資本を評価する場合には非利用価値を理解することが必要となる。非利用価値は，自然資本と生態系サービスを自分自身が利用しない場合でも，それらが健全に維持保全されることにより，その個人が満足することから発生する価値である。非利用価値は受動的利用価値とも呼ばれ，存在価値と遺贈価値に分けられる。

存在価値とは，地球上に特定の動植物種や生態系が存在すること自体に満足する価値である。例えば，絶滅危惧種の保護に価値を抱いている人々はその種を観察し，文化的サービスとして享受しなくとも，その種が保護されることそれ自体に対して価値を抱くのである。また，遺贈価値と呼ばれる価値は，自分自身ではなく，将来世代が生態系サービスを受け取ることに満足することを示す価値である。

生態系サービスの経済価値を考えると，利用価値については市場経済に組み込まれているものもあり，市場価値を計測しやすい。他方，非利用価値は市場取引がなく，直接その市場価値を計測するには，表明選好法の適用が必要となる。

13.2　経済評価の方法

13.2.1　市場アプローチと非市場アプローチ

生態系サービスの経済評価方法は，市場価格に基づく市場アプローチと個人の選好に基づく非市場アプローチに分類できる。市場アプローチは，実際の市場経済のなかで生態系サービスに価格がつけられている場合に利用できる手法である。生態系サービスに関する価格情報に基づき経済評価額を推計する試みは，一般市民や政策担当者，企業にとって理解しやすい方法でもある。しかしながら，価格づけされている生態系サービスは限定的である。また，公共財・サービスの性質を有する場合には，適切な価格を支払わずに消費・利用する「ただ乗り」が発生するため，価格が低く見積もられる傾向にある。

例えば，供給サービスである農林水産物や淡水については市場価格が得られる。洪水防止や土砂災害防止，水質浄化などの調整サービスは，生態系サービスが存在することによって不要となる事業費

を推計するか，あるいはそれらのサービスと同等の人工施設を建造するための費用を推計することにより評価可能である。土壌の肥沃さや良好な水質が農業生産や漁獲高に影響を与える場合には，農水産物などの生産関数を計算し，生態系サービスの市場価格への寄与分を明らかにできる。

　非市場アプローチには顕示選好法と表明選好法がある。両者ともに個人の選好に基づく手法である。個人の選好とは，複数の商品に対する消費者の好みのことである。両者は分析に使用するデータの種類によって分類される。環境価値を反映した代理市場での取引に含まれる個人の選好を明らかにする手法が顕示選好法であると言える。顕示選好法の代表的な手法にはトラベルコスト法，ヘドニック法，回避支出法などがある。

　表明選好法は，環境改善の受益者に対して，アンケート調査などにより支払意志額（WTP）などを直接質問する評価手法である。表明選好法の代表的手法には，CVMとコンジョイント分析がある。CVMとコンジョイント分析はアンケート調査に基づく仮想評価法であり，非利用価値の評価が可能である反面，評価額がバイアスの影響を受けるデメリットがあり，手法の改良が進められてきた。生態系サービスの利用価値に加えて非利用価値が評価対象となる場合には，表明選好法により経済評価が可能である。

13.2.2　市場アプローチ

　市場価格に基づく手法には，市場価格と費用，そして生産関数に基づく手法がある。農林水産物の場合，政府介入が価格を歪める傾向はあるものの，多数の供給者と消費者により価格づけがなされ，競争市場の条件を備えている。供給サービスの経済評価には，農林水産物の市場価格が使われる。供給サービス以外については，市場価格を使える事例はそれほど多くはないが，「生態系サービスへの支払い」というマーケットを介した保全手法が世界各国に普及しつつあり，多様な生態系サービスの市場化が進んでいる。

　例えば，排出量市場において取引されている温室効果ガス価格は，CO_2吸収源としての森林の調整サービスを評価する際に使用できる。しかしながら，国際条約の進捗状況次第では，市場が正常に機能せず，そこでの価格づけが気候変動の負の影響を包括的に反映しているとはいえない。また，調整サービスの典型である水質浄化機能を有する湿地などを売買する市場（バンク）は米国や豪州などで発達している。それらの取引価格は，湿地の生態系サービスが反映された市場価格として扱うことができるだろう。

　費用に基づく手法には，回避費用，代替費用，緩和・再生費用に基づく手法がある。回避支出に基づく評価手法は顕示選好法に分類されることもある。人々が直接支払った回避支出額を評価額として直接使用する場合には，市場アプローチとして分類される。日本では，水道事業の費用対効果分析マニュアルにおいて，浄水器やボトルド・ウォーターなど人々が日常的に行っている水質改善行動を調査し，高度浄水処理施設導入の便益原単位として利用している。

　代替費用については，農林水産業に関連する生態系サービス（多面的機能）を代替法により経済評

価した一連の事例が代表的である[6]。例えば，水田は洪水時に貯水池として機能することから，水田の湛水能力を治水ダムの建設費用の減価償却費と運営費用によって評価を行うことができる。適切に管理された森林が防災面での生態系サービスを発揮する際には，砂防ダムを建設する費用で置換できる。代替財・サービスの市場価格が入手できる場合，経済評価は比較的容易であり，説得力もあるが，文化的サービスなどについて適切な代替財を見つけることは容易ではない。さらに，代替財と市場価格は評価者による操作性が高く恣意的であるとの批判は根強い[3]。代替法を費用便益分析に用いる際には，過大評価を行う誘因が働くため，控え目かつ客観性の高い評価額を推計することが推奨される。

再生・緩和費用については，開発によって失われる希少な植物群落の移転に要した費用，あるいは生態系再生事業を行うための費用を使うことができる。

生産関数による評価は，市場価格を用いて生産関数を推計した上で，生態系サービスの寄与分を分離する方法である。例えば，生態系サービスの典型例であるミツバチなど訪花昆虫による受粉サービスを考えると理解しやすい。野生のミツバチの存在や土壌の肥沃さは農業生産性を高めることにつながる。それらの生態系サービスの効果は，生態系サービスの乏しい地域における生産額，あるいは人工的にミツバチを導入する費用と比較することにより経済評価が可能となる。湿地による河川の水質汚濁改善が漁獲高向上をもたらす場合なども，生態系サービスの寄与分を経済評価することが可能である。

市場価格による評価は，生態系サービスが市場で取引対象となるか，それを代替できる費用が明らかな場合に実施できる。市場価格に基づく市場アプローチは，評価結果を導出するプロセスがわかりやすく，一般的に政策担当者などへの説得力が高い。他方，学術研究の対象になりにくく，恣意的に適用されるケースも多いことに注意する必要がある。

13.3 非市場アプローチ

13.3.1 顕示選好法

顕示選好法の代表的な手法には，トラベルコスト法とヘドニック法がある。生態系サービスの経済評価に関しては，レクリエーション地の文化的サービスを評価対象として，トラベルコスト法が適用されるケースが多い。ヘドニック法は，居住地の住環境に影響を与える生態系サービスについて適用されるケースが多い。トラベルコスト法では旅行費用と訪問者数などのデータが使用され，ヘドニック法ではおもに地価とそれを規定する要因に関するデータが使用される。

トラベルコスト法は，レクリエーション地の評価に主に利用される手法である。その訪問者数を決定する要因は多様であり，一概に生態系サービスが影響しているとは言いきれないが，釣りやダイビングなどの訪問地選択には，生態系サービスの水準が影響していると想定できる。つまり，レクリエーション地の生態系サービスの水準は，何名の訪問者がどの程度の旅行費用を支払って訪問するのかという点に反映される。

レクリエーション地から訪問者の発地点が遠ざかるにつれ旅行費用は増加し，その発地点近辺からの

訪問客数は減少する。もし仮に，無料で提供されているレクリエーション地に入場料が設定された場合，入場料への追加的支出は観光客にとって旅行費用総額の増加を意味し，入場料がある一定の水準に達すると，観光客が0人になる。例えば，富士山では任意の入山料として1,000円が徴収されている。2015年夏期の登山者数は約23万人であった。この入山料の金額をエベレスト登山並みの100万円にまで値上げした場合，登山者はほぼ0人近くまで減少するだろう。このような追加的旅行費用と訪問率の関係を利用して消費者余剰を推計し，生態系サービスの経済評価を行うのがトラベルコスト法である。

トラベルコスト法にはさまざまな種類があり，古典的かつ代表的な方法はゾーントラベルコスト法と個人トラベルコスト法である。ゾーントラベルコスト法は，旅行費用が同一の地域（ゾーン）からの訪問率をもとに経済評価する手法である。個人トラベルコスト法は，個人の旅行費用と旅行頻度，社会経済属性をもとに経済評価する手法である。

ゾーントラベルコスト法は，著名な観光地となっている国立公園のように，ある程度の高額な旅行費用を掛けて観光客が訪れるレクリエーション地の評価に適している。個人トラベルコスト法は，釣りやハイキングなどの目的で，個人が何回も繰り返し訪問するレクリエーション地の評価に適している。どちらの評価手法も，評価対象地域あるいは特定の地域全体を対象とするアンケート調査などにより，旅行費用と訪問頻度のデータを得ることによって評価が可能となる。

それ以外には，自然公園の整備などを実施する際に，整備後に訪問回数が変化するかどうかを尋ねる仮想トラベルコスト法もある。日本の自然公園の費用便益分析にもこの方法が援用されている。自然公園の整備が実施され，個人の訪問頻度が向上する場合，それによる消費者余剰変化分を整備効果として評価できる。また，生態系サービスの水準が異なる複数のレクリエーション地のなかから，ある個人が特定のレクリエーション地を選択するサイト選択モデルも多く適用されている。最近では，複数のレクリエーション地からの選択に加えて，選択回数を考慮したモデリングを行う端点解モデルに関する研究もさかんである[4]。

ヘドニック法は，生態系サービスなどの環境価値が地価に反映されるというキャピタリゼーション仮説に基づき経済評価を行う手法である。生態系サービス水準が低く，大気汚染や騒音の激しい地区の地価が低下し，自然の豊かな景観を堪能できる景勝地の地価が高くなるという現象が観察される場合，地価を規定する要因のひとつとして生態系サービスの寄与分を明らかにすることが可能である。適用事例の多い米国では，人々が転居する頻度も高く，森林や湖に近い住宅が好まれるなど，生態系サービス水準を反映した居住地選択が観察されやすい。日本では，都市部における公園や迷惑施設，騒音などの影響は比較的検出しやすいが，生態系サービス自体の評価は容易ではない。ヘドニック法については，最近ではGISによる空間情報の利用が進み，空間ヘドニック法も利用されている。

トラベルコスト法やヘドニック法のような顕示選好法を適用して評価を行う際には，環境価値が反映された市場価格や個人の行動に関するデータが必要であり，それらが得られない場合には評価が困難である。

13.3.2 表明選好法

表明選好法は，個人に対して仮想シナリオを提示した上で，それに対するWTPなどを直接質問する評価手法である．表明選好法の代表的手法にはCVMとコンジョイント分析がある．日本では1990年代以降，政策評価などの分野でCVMの適用が進められてきた．特に1998年以降，農林水産省や国土交通省の公共事業の費用対効果分析への適用も行われてきた．CVMはそのアイディアの明快さも手伝い，研究蓄積が進められてきたが，学術面ではより複雑なモデルや仮想シナリオを分析可能なコンジョイント分析の適用事例が，1990年代後半以降増加してきている．CVMではある特定の仮想シナリオに対して最大いくらまで支払うかというWTPを評価でき，コンジョイント分析では複数の属性について個々に1原単位当たりのWTP，つまり限界WTPを評価できる．

コンジョイント分析は，マーケティングなどの分野において研究が進められてきた分析手法である．CVMはひとつの質問につき単一の属性と水準の組み合わせしか評価できないという制約があり，異なる政策代替案を比較するには，数種類のアンケート調査を実施する必要がある．コンジョイント分析ではひとつのアンケート調査において，複数の政策代替案の比較を複数回行うことが可能であり，統計的効率性および調査費用節約の面でメリットがある．コンジョイント分析には，完全プロファイル評定型やペアワイズ評定型，選択実験型などの種類があり，それぞれメリットとデメリットを有している．

表明選好法は既存の市場データの有無とは関係なく，ほぼあらゆる生態系サービスの評価に適用可能であり，非利用価値の評価も可能である．また，表明選好法で得られる経済評価額は，受益者のWTPを集計したものであり，生態系サービス保全政策に対する合意形成を行うための基礎資料として利活用できる．

表明選好法はアンケート調査やインタビューに基づく仮想調査であり，回答者の真のWTPを得るという視点からは，バイアスによる歪みが発生することが指摘されている．例えば，アンケート調査において自分が表明したWTPに基づき，実際の税額や課金水準を決定されるおそれがあると回答者が考えた場合，WTPを低めに回答しようとする戦略的バイアスが発生する．仮想シナリオにおける説明内容によっては，回答者が評価対象のサービスの量や範囲を誤解してしまうことが評価額に影響する可能性もある．

表明選好法として近年注目を集めているものに，ベスト・ワースト・スケーリング（BWS）と呼ばれる手法がある[7]．BWSでは複数の選択肢や属性のなかから，回答者がもっとも高く評価するものともっとも低く評価するものをひとつずつ選択する形式の質問を行う．複数の選択肢からひとつ（ベスト）を選択する方式と比較すると，ワーストに関する追加的情報が得られるという分析面でのメリットがある．また，全ての選択肢にランキングづけを行う仮想ランキング方式と比較すると，ベストとワーストという両極端な選択肢のみを選択させるという点において，回答者の負担が少ない方法である．

熟議型貨幣評価（DMV）と呼ばれる方法も研究が進んできている．生態系サービスは，日常生活において一般市民が意識することの少ない専門的な話題である．短時間で回答を行う一般のアンケート調査では，回答者個人が生態系サービス保全政策に対して十分に選好を確立した上で回答するとは限

らない。そこで，熟議型貨幣評価では，一般の表明選好法における標本数よりも少ない人数の回答者に対して，専門家らが十分な情報提供を行い，参加者らと討議を行うことにより，生態系サービス保全の問題についてより深く理解してもらうプロセスを設ける。その後，回答者からWTPを得ることにより，合意形成のために十分に検討された信頼性と妥当性の高い評価額が得られる可能性がある。

13.3.3　表明選好法による経済評価事例

1990年代以降，日本においてもCVMやコンジョイント分析などの表明選好法を中心とした環境価値の経済評価研究が活発に行われてきた。2000年代以降は，多様な評価対象への適用が進み，水源環境保全税の税額決定，食品安全性，アメニティ空間整備などへの適用事例が増加してきている。以下では，神奈川県の水源環境保全税の税額設定のためのCVMによる経済評価[6]，都市公園における郷土種によるゾーニングと市民税創設に関するコンジョイント分析の評価事例について簡単に説明する[5]。

地方環境税として2003年に創設された高知県の森林環境税以降，2016年4月時点で37府県において同様の地方環境税が導入されている。神奈川県の水源環境保全税は，水源地の生態系サービス水準を維持改善するための森林整備や排水処理対策などへの予算源獲得を目指したものである。水源環境保全税の導入前に，県民を対象としたCVMが実施され，回答者当たり年間3,672円のWTPが得られた。この金額を出発点として税額の検討が行われ，県議会での厳しい議論を経て，2007年度から納税者1人当たり年平均額950円が県民税超過課税として課された。第2期（2012～16年度）には年平均額890円が課されてきている。第2期における税収規模は単年度当たり約39億円である。

CVMによる経済評価のためのデータ収集は，郵送アンケート調査法により実施した。神奈川県内各市町村の世帯数に比例して無作為標本抽出を行った。郵送による2度の督促を行った結果，有効発送数2,973通のうち2,065通（69.5％）が回収された。

アンケート調査票では，神奈川県が計画中であった生活環境税制の枠組みに従って，森林保全と生活排水処理という二種類の政策手段を拡充して実施するという生態系サービス保全のための仮想政策シナリオを提示した。それに対して，回答者が賛成か反対かを回答する住民投票形式を用いた。新税創設に向けて賛否が50％ずつに分かれる金額である中央値WTPを推計した結果，1世帯当たり月間306円（年間3,672円；90％信頼区間3,425～3,949円）という結果が得られた。当時の世帯数を上記のWTPに掛けると年間128億円となった。さらに，回答者の所得が高くなるにつれ，個人のWTPが高くなる傾向が明らかになった。神奈川県の水源環境保全税は，所得別に税額が異なるという森林環境税のなかでは珍しい課税方式であるが，その根拠が分析結果からも明らかになった。

次に紹介するのは，コンジョイント分析による横浜市内の森林公園の経済評価事例である。横浜市は「ふるさとの緑事業」を実施しており，潜在自然植生調査によって選ばれた地域在来の樹木種の植樹・育樹を住民参加により行ってきた。この評価事例は，都市公園における植生を在来種に置きかえるなどの計画変更への市民の選好を把握することが目的であった。

コンジョイント分析のなかでも選択実験と呼ばれる本手法では，仮想的な財の属性と水準が示されたプロファイル（図13－1）を複数個組み合わせた選択肢集合（図13－2）を回答者に提示し，もっとも望ましいプロファイルをひとつ選択させる形式である。根岸森林公園の緑地の特徴を示す属性として，広場，利用のための森，生物のための森，樹木種に占める郷土種の割合の4つに加えて，新設される緑地税額を属性として加えた。水源環境保全税とは異なり，本調査と新税創設は直接的な関係はないが，調査後に導入された横浜みどり税において5年間の期間が設定されるなど，現実的な調査設計であった。

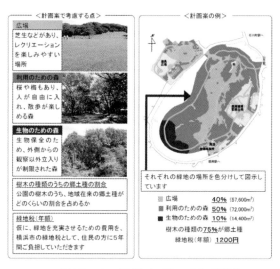

図13－1　仮想プロファイルの説明

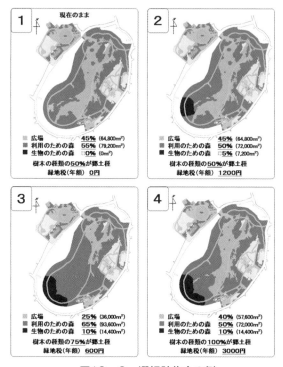

図13－2　選択肢集合の例

森林公園周辺住民へのアンケート調査によって，個々の回答者に図13-2のような選択肢集合を提示して回答を得た。計量モデルにより分析することにより，限界WTPが得られる。限界WTPとは，広場を1％あるいは1 m²拡張するために支払ってもよいと人々が考えるWTPである。選択実験を適用することにより，費用対効果分析に利用しやすい原単位形式の評価額が得られる。

　森林公園の評価事例においては，個人の選好の異質性を考慮した潜在クラスモデルにより分析を行った。都市公園のように，各個人の利用回数や目的が異なり，選好の多様性が想定される評価対象では，個人別のパラメータ推定や，回答者をセグメントに分類した分析を適用することが最近の傾向である。本研究事例においては，一般的に使用される条件付ロジットモデルでは郷土種への選好を明らかにできなかった。しかしながら，潜在クラスモデルにより，特定のセグメントにおいて郷土種への選好が存在することが明らかとなった。このことにより，従来の方法では0円と算定された郷土種の便益が可視化されることとなった。

13.4　経済評価の活用と課題

　本章では，生態系サービスの経済評価の概念整理と分類，その理解に必要とされる経済学的定義について解説してきた。個々の経済評価手法についての詳細を紹介するには十分な紙幅が必要となるため，それらは参考文献にゆだね，各手法の概念を説明するにとどめた。

　生態系サービス評価においては，定性的・定量的評価も重要であるが，生態系サービスの損失を回避するには，市場経済のなかで可視化するための経済評価が求められる場面も多い。費用便益分析などへ生態系サービスの価値を組み込むことにより，政策的意思決定において生態系サービスの価値が軽視される事態を回避できる可能性がある。

　企業部門においても生態系サービスや自然資本の経済評価に注目が集まってきている。2016年7月には，自然資本連合が自然資本プロトコルを公表した。自然資本プロトコルには，ビジネスにおける意思決定に経済価値などを積極的に取り込むための方向性が示されている。

　そのような国際的潮流のもと，便益移転の利活用や評価結果のアーカイブ構築にも努力が傾注されてきている。便益移転とは，既存の調査研究成果を使い，新たな政策やビジネスにおける意思決定時の評価額を推計する手法の総称である。学術誌や報告書などに掲載された世界各国の評価事例を便益移転に用いることにより，新たな調査研究を必要とせずに評価結果を得ることが可能となる。多くの現実の意思決定場面において，便益移転は「一定程度の信頼性を保ちつつも，経済的で利用しやすい評価方法」として重要な役割を果たすに違いない。

参考文献

1) コルスタッド，C. D.（細江守紀・藤田敏之監訳）：環境経済学入門，有斐閣，2001.
2) Louviere, J. J., Flynn, T. N., and Marley, A. A. J. : Best-Worst Scaling: Theory, Methods and Applications, Cambridge University Press, 2015.

3) Ninan, K. N. (ed) : Valuing Ecosystem Services: Methodological Issues and Case Studies, Edward Elgar, 2014.

4) 柘植隆宏・栗山浩一・三谷羊平編著：環境評価の最新テクニック－表明選好法・顕示選好法・実験経済学, 勁草書房, 2011.

5) 吉田謙太郎・中西智紀：選択実験による郷土種に配慮した森林公園整備の経済的評価, 農村計画学会誌, Vol.28, 2010.

6) 吉田謙太郎：生物多様性と生態系サービスの経済学, 昭和堂, 2013.

7) 吉田謙太郎・井元智子・柘植隆宏・大床太郎：環境評価研究の動向と今後の課題, 環境経済・政策研究, Vol.9, No.1, 2016.

第14章　生物多様性オフセットとバンキング

14.1　生物多様性オフセットとは

　地球温暖化対策として，カーボンオフセットというものがある。カーボンオフセットとは，例えば，エネルギー消費から排出される二酸化炭素を森林等の活動によりオフセットしようとするものであり，各種の企業活動にもみられるようになってきた。生物多様性分野においても，類似の考え方に基づくオフセットの仕組みが，諸外国において導入されている。通称「生物多様性オフセット（biodiversity offset）」と呼ばれるものである。生物多様性オフセットはさまざまな仕組みがあるが，よく参照される定義としてBBOP（ビジネスと生物多様性オフセットプログラム；Business and Biodiversity Offsets Programme）の作成したものがある。このなかで，生物多様性オフセットは，開発プロジェクトに起因する重大な生物多様性への負の影響をオフセットする際の測定可能な保全効果を示すもの（参考文献7）を一部改変）とされている。すなわち，開発行為による自然への負の影響を，ある行為によって代償またはオフセットすることを示す。通常は，開発サイトの近くに，開発によって失われる自然と同等な自然を再生，回復，創出，保護などすることにより，代償することを示す。自然の営みは非常に複雑で，完全に再生・回復・創出することは困難であり，また再生・回復・創出には非常に長い年月を要する場合もあるため，政策的に導入可能でかつ受け入れ可能な方法を採用することになる。このため貴重な自然や絶滅危惧種に対しては，事前に開発行為を回避するなどの措置がとられる。さらに影響を低減，最小化するなどの措置を段階的に採用することが重要である。これはミティゲーション・ヒエラルキー（mitigation hierarchy）と呼ばれるものであり，生物多様性オフセットにおいてもっとも重要な考え方のひとつである。BBOP[4]では，ミティゲーション・ヒエラルキーをBBOPの掲げる原則のひとつに位置づけており，これに加えて9つの原則を示している。以下にBBOPの原則（一部改変）を示す[4), 5)]。

　①ミティゲーション・ヒエラルキーの順守
　②オフセット可能なものの限界：生物多様性オフセットでは必ずしも残った影響を十分補うことが可能ではない場合があること
　③ランドスケープの観点：生物多様性オフセットはランドスケープの観点からデザインされ，実施されること
　④ノーネットロス：ノーネットロス（no-net-loss），また望ましい場合はネットゲイン（net-gain）の獲得をもたらすようにデザインまたは実施されること

⑤追加的な保全の成果：生物多様性オフセットが実施されない場合と比べて，追加的な保全の成果を得ること。他の場所の生物多様性へ有害な行為を移さないこと
⑥利害関係者の参加
⑦衡平性の確保
⑧長期的な成果：モニタリングや事後評価などにより，長期的な成果が達成されるようにデザイン，実施されること
⑨透明性：公衆とのコミュニケーションの透明性
⑩科学的・伝統的知識：科学的かつ，伝統的知識への適切な配慮のもとで，文書化されたプロセスでデザイン，実施されること

14.2 生物多様性オフセット・バンキングの仕組み

14.2.1 生物多様性オフセットの歴史

生物多様性オフセットは，1972年の米国のCWA（Clean Water Act; 連邦水質浄化法）のsection404において，ノーネットロスを実現する手段として導入された仕組みが代表的である[2]。これは，特に，湿地などの水質浄化を対象としたものであった。一方，絶滅危惧種を対象とした仕組みは1980年代にカリフォルニア州で開始されたものがあり，具体的には1982年のESA（Endangered Species Act; 絶滅危惧種法）section10の改正に伴い，偶発的捕獲（incidental take）による影響のオフセットが認められたことによる[24]。生物多様性のオフセットや代償の仕組みは，生物多様性オフセットや代償ミティゲーション（compensatory mitigation program）などの呼び方で呼ばれる。

参考文献12)では，世界における生物多様性オフセットの導入状況を以下のように整理している[12]。

・世界で45の代償ミティゲーションプログラムが導入。世界市場は最低約24－40億米ドル／年，少なくとも毎年18.7万haが保全管理や恒久保護地区に指定
・活発なのは北米地域（米国，カナダ）。15のプログラムが稼働中。およそ20－34億米ドル／年，1.5万haが毎年指定
・豪州とニュージーランドは13プログラム
・その他の地域は，欧州5プログラム，中南米8プログラム，アジア5プログラム

参考文献12)で取り上げているプログラムは規模や仕組みが異なるため，単純に数で比較できるものではないが，特に米国や豪州などで導入が進んでいることは事実である。このため，本稿では，特に米国と豪州の生物多様性オフセットプログラムについて，次項以降に整理した。

14.2.2 米国の制度と事例

米国では，水質浄化法のsection404に基づく湿地における代償ミティゲーション，絶滅危惧種を対象としたものが代表的である。生物多様性オフセットの仕組みは，許可者が自ら実施するPRC

事例1　Mossy Hill Mitigation Bank（URL: http://www.mossyhillbank.com/）は，ルイジアナ州ニューオーリンズ近郊に位置し，松類の人工林地を，地域固有のロングリーフパインのサバンナ（longleaf pine savanna）の湿地に再生する。商業用の松類の人工林は、伐採後販売する。

写真14-1　Mossy Hill Mitigation Bank

事例2　Liberty Island Conservation Bank and Preserveは，カリフォルニア州の州都サクラメント市南部のヨロ郡（Yolo County）のコンサベーションバンクである。186エーカー（75.3ha）の面積を有する。自然水路，潮汐堤防，サクラメントデルタの固有種であり絶滅危惧種であるdelta smelt（ワカサギ属）やサケの生息地としての機能を有する。バンカーであるWildlands社が設立したものである[注1]。クレジットの販売可能エリアは，当該デルタ広域に及ぶものである。乾季には、写真14-2のように，上陸できる場所があるが，雨季には大半のエリアが氾濫原となる。

写真14-2　Liberty Island Conservation Bank and Preserve

（permittee-responsible compensatory；代償措置），第三者が事前にオフセットサイトを作り出すバンク，環境保全の行為を金銭の支払いなどにより行うin-lieu（fee）programsがある[2]。米国では，PRCで行われるものもあるが，バンクを活用した事例も増えてきている。バンクには大きくMB（mitigation bank；ミティゲーションバンク）とCB（conservation bank；コンサベーションバンク）がある。ここでは参考文献24)を参考にMBとCBについて，以下の段落に簡単に整理するにとどめる。

　MBは，水質浄化法section404に基づく湿地などを対象とした第三者による湿地などの再生・回復・創出などの活動である。バンカーと呼ばれる民間業者がMBを事前に準備し，得られたクレジットを販売する。公共機関がバンクを準備して，民間開発事業者にクレジット販売する場合もある。USEPA（U.S. Environmental Protection Agency；環境保護庁），USACE（U.S. Army Corps of Engineers；陸軍工兵隊）などが所管官庁である。もっとも普及している生物多様性バンクであり，全米で行われている。

　CBは絶滅危惧種の生息地を対象としたバンクであり，カリフォルニア州で盛んに行われている。担当行政機関とバンク事業を行う者の間で契約を締結するが，これらがバンクドキュメントとして取りまとめられる。

14.3 豪州の制度と事例

14.3.1 背景

豪州は，世界の生物多様性が豊かな（メガバイオダイバーシティー）17の国のうちのひとつである[15]。しかし，豪州は，世界でももっとも高い絶滅率となっている。例えば，ヨーロッパ人の入植以来，すでに29種類の哺乳類が絶滅し，近年の絶滅の35%を占める[19]。

豪州では，生物生息地の減少が唯一最大の生物多様性に対する脅威である[8]。豪州における生物生息地の減少の大半は，農地開発，都市開発，鉱業開発や道路などの社会インフラ建設によるものである。これらの産業は，豪州経済に多大な恩恵をもたらしている。

豪州の法では，生物多様性に大きな影響を及ぼす開発行為は環境影響評価を行わなければならない。絶滅の恐れのある種や生態群集は重要な保護対象である。生物多様性は連邦法のもとで保護される国家の重要なものであるが，関連する環境影響評価法の大半は州政府が実施する。

これらの法にも関わらず，豪州は先進国のなかでもっとも高い率で森林伐採が進む国である[9]。豪州においてもっとも生物生息地の減少をもたらしている産業（例えば，農業，都市開発，鉱業，インフラ開発）は豪州の経済に重要なものであり，それ故生物生息地の減少を止める試みは政治的に困難であった。しかし，こうした意思決定に対するコストは，豪州の生物多様性の減少となって表れてきた。そのため，豪州における開発行為による生物多様性への影響は論争をもたらす課題である。

生物生息地の減少と経済成長をバランスさせる試みのなかで，豪州の連邦，地方の政府では2002年から2015年にかけて生物多様性オフセット政策を導入してきた。

14.3.2 豪州における生物多様性オフセットの原則

豪州の生物多様性オフセット政策の大半は，BBOPの生物多様性オフセットの原則を[4],[5]反映したものである。豪州の研究者や政策立案者の何人かは，これらの原則の立案に貢献してきた。

豪州の政策は，ミティゲーション・ヒエラルキーを基礎としている。インカインド・オフセット（in-kind offsets：同種の生物多様性によるオフセット，参考文献6）に用語の定義が記載されている）に重きが置かれているが，アウト・オブ・カインド・オフセット（out-of-kind offsets；異種のものによるオフセット）[6]例えば，オフセットサイトの設置に代わって研究の実施や資金支払いを行うものは次第に増えつつある。大半の政策では，生物多様性の減少を同等なレベルで，またはライク・フォー・ライク（like for like；同様なタイプの生物多様性）[6]によりオフセットしようとし，またゲインを獲得しようとする。なお，ライク・フォー・ライクの定義は徐々に緩められてきた。全てのオフセットは，法に基づく新たに行う行為であり，既に別途実施されている行為を読み替えるものではない。大半の制度では，ベースラインとの比較における生物多様性のノーネットロスの達成をめざすものであり，ここでのベースラインとは現状維持のもとで達成される生物多様性の量を示す（図14−1）。なお，このベースラインの設定の考え方については議論の余地がある[13]。

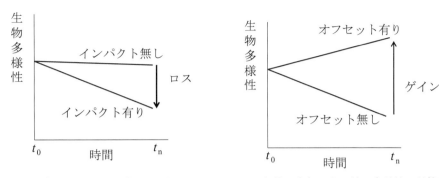

生物多様性のロスとゲインは開発とオフセットの行為の有無による差の合計値で計算

図14-1 豪州の生物多様性オフセット政策における開発に伴う生物多様性のロスと生物多様性オフセットに基づくゲインの推計の概念モデル

14.3.3 生物多様性評価法

豪州には9つの行政区域があり，それぞれの環境影響評価の一部として生物多様性オフセットが適用されている。このため，多様な生物多様性の評価法が存在するが，多くの行政区において類似性も存在する。

多くの州で活用されている評価法は，ハビタット・ヘクタール法（habitat hectares）[16]に影響を受けたものが多い。この手法は，最初に開発サイトとオフセットサイトの標準的な生息地のサロゲート（surrogate）を測定する（例えば，成熟木本数，地域固有植物種の豊富度，林床の枯死木量，周辺地域の地域固有植生の量）。これらの生息地のサロゲートは，オーストラリアのひとつ以上の地域固有種群に関係している。これらのサロゲートは一年を通じていつでも簡易に測定できるものであり，地域固有種の存在や豊富度のように測定が困難または費用がかかるものではない。

開発サイトとオフセットサイトの生息地サロゲートのスコアは，個々の生息地サロゲートの測定データをリファレンスサイトの期待値で割ることによって得られる。リファレンスサイトは，ヨーロッパ人入植以来の人間活動による改変が相対的に少ない，比較可能な生態系のなかに設定するため，地域固有の生物相と類似のものと考えられる。個々のサロゲートのスコアは種の数[16]やオフセット容易性[10]による重みづけをした後，面積を乗じて得られる。

一方，国レベルで絶滅危惧の恐れがある種は1,000種以上もあり，またそれぞれの種において活用可能な情報がまったく異なるため，連邦政府の評価法は異なるものが採用されている。非常に柔軟性のある評価法が採用されている。当該手法は，ひとつ以上の生息地のサロゲート，種の個体数のカウントまたは繁殖の成功率などに基づくものである[11],[14]。当該手法は，影響のオフセットに要する時間の長さを明示的に考慮した時間割引を導入した豪州で唯一の手法である。

14.3.4 生物多様性オフセット政策の成果

豪州の生物多様性オフセット事例に対する評価は，ほとんど行われていない。これは適切な評価を行うだけの十分な時間が経過していないこと，また豪州政府がオフセットの効果に関する評価に十分

な予算を振り向けてこなかったことも理由のひとつと考えられる。このため豪州では多数の批判もなされている。

豪州における唯一の生物多様性オフセットに対する総合的な評価は，絶滅危惧種であるキンスジアメガエル（green and golden bell frog）に関するものである。シドニーのオリンピック村の開発に伴う湿地の減少による当該種の生息地への影響である。研究者の報告によると，影響を受ける単位面積あたり19haの新たな生息地の創出により（オフセット率19対1），ネットゲインが得られるという結論が得られた[17]。豪州の政策では，通常，オフセット率3対1程度である。この例以外，豪州において，生物多様性オフセットがノーネットロスをもたらす結果となったことを示すものはない。参考文献11）は，限定的な状況下（すなわち，影響が極めて小さい，種の生息地が容易に再生可能である，影響発生の十分前にオフセットが行われる，または影響を受ける面積に対してオフセット面積が非常に大きい場合）のみで生物多様性オフセットは生物多様性のノーネットロスをもたらす可能性があることを，シミュレーションモデルで明らかにした。生物多様性オフセットの効果に関する不確実性により，公衆，持続可能性に関する研究者，開発事業者（追加的な費用負担の懸念から）などから大きな異議が出されている。

14.3.5　豪州の生物多様性オフセットの事例

豪州では，各州で生物多様性オフセットが行われているが，ここでは特にキャンベラ周辺のオフセットの事例を示す。写真14－3は，キャンベラ市内北部の宅地開発の事例である。周辺は自然保護地区に指定されており，野生のカンガルーが生息するなど自然が豊かで閑静な住宅街の近傍である。従前の宅地を拡張するプロジェクトの実施に伴い，隣接する自然保護区の適切な管理を進めることで，生物多様性オフセットを行う事例である。なお，従来保護地区であった場所をオフセットサイトにすることの是非については意見が分かれているという。

14.3　生物多様性オフセット・バンキングの評価手法

生物多様性オフセット・バンキングでは，生物多様性の同等性をどのように確保するかが大きな課題である。すなわち開発により失われる場所と同等の質や量の生物多様性をどのように評価するかは

写真14－3　開発サイト（左）とオフセットサイト（右）

難しい問題である。生物多様性オフセット・バンキングの仕組みでは，貴重種の生息地，生物の生息地，湿地の機能などに着目する方法など多様な方法がある[18]。貴重種の生息地に着目する方法のひとつとしてHSIモデルがある[3]。ハビタットに着目する手法の代表は豪州のビクトリア州で導入されているハビタット・ヘクタール法がある[16]。各種手法の概要については，参考文献3)で整理されており，また政府ホームページなどで紹介がなされているのでそれらを参照されたい。

個々の評価手法は，評価の観点が異なるため，同じ場所を評価したとしても，おのずと評価結果が異なることには注意が必要である。例えば，参考文献20)では，名古屋市東部丘陵地域において，ヒメボタル，オオタカ，アカネズミの統合HSIモデルによる評価，豪州のハビタット・ヘクタール法，バイオバンキング・アセスメント評価法による評価，植生調査による基礎データによる評価，および各種多様度・類似度指標による評価結果を比較している。この結果によると，評価法によって，最も高いスコアを得ている場所が異なっている。このように，採用する評価法の特徴を吟味し，適切な評価法を用いて評価することが極めて重要である。

14.4 日本の取組み

日本の政府では，環境省を中心に生物多様性オフセットの導入可能性を検討してきた。2010年の中央環境審議会の答申「今後の環境影響評価制度の在り方について」では，生物多様性オフセットを含む新たな生物多様性保全手法の技術動向や国内外の事例の蓄積の必要性を指摘している[25]。この答申に基づき，環境省では，日本における環境影響評価制度の枠組みにおいて，生物多様性オフセットの導入可能性について検討している[23]。

日本では，中央政府レベルでは生物多様性オフセットの実施を義務化する仕組みはないが，自主的に実施することは可能である。環境影響評価法に基づく基本的事項（環境庁告示第八十七号）では，環境保全措置指針における基本的事項において，代償措置の実施を推奨している[22]。これを受けて，国内においても生物多様性オフセットの類似事例がいくつか行われており，参考文献21)で紹介されている。このような動きを背景に，今後生物多様性オフセット制度の導入の可否についての議論が進むものと思われる。なお，愛知県など一部の地方自治体では関連制度の導入が進められており，国内でも当該制度の認知度が高まりつつある。

14.5 おわりに

本稿では，国内では，制度導入の是非の検討が行われている段階である生物多様性オフセットの概要を紹介した。紙面の都合上，諸外国の制度や事例，評価法の詳細にまで立ち入ることができなかったが，参考文献に載せてある文献を参照していただくことでより詳しい内容に触れることができるであろう。

国内での制度化の是非の議論は今後より高まっていくことが考えられるが，当該制度の活用可能な範囲，利点，欠点を十分精査した上で検討を進めることが望ましい。

参考文献

1) USEPA (U.S. Environmental Protection Agency): Clean Water Act, Section 404. 2016.
URL: https://www.epa.gov/cwa-404/clean-water-act-section-404.

2) USACE (U.S. Department of the Army, Corps of Engineers) and USEPA (U.S. Environmental Protection Agency): Compensatory Mitigation for Losses of Aquatic Resources; Final Rule. Federal Register / Vol. 73, No. 70 / Thursday, April 10, 2008 / Rules and Regulations, 2008.

3) BBOP (Business and Biodiversity Offsets Programme): Biodiversity Offset Design Handbook: Appendices. BBOP, Washington, D.C., 2009. URL: http://bbop.forest-trends.org/pages/guidelines.

4) BBOP: Biodiversity Offset Design Handbook-Updated. BBOP, Washington, D.C., 2012.

5) BBOP: Standard on Biodiversity Offsets. BBOP, Washington, D.C., 2012.

6) BBOP: Glossary. BBOP, Washington, D.C. 2 nd updated edition. BBOP, Washington, D.C., 2012.

7) BBOP: Biodiversity Offsets. BBOP web site
URL: http://bbop.forest-trends.org/pages/biodiversity_offsets（2016年8月29日確認）.

8) Evans, M. C., J. E. Watson, R. A. Fuller, O. Venter, S. C. Bennett, P. R. Marsack and H. P. Possingham: The spatial distribution of threats to species in Australia. Bioscience 61 (4): 281-289, 2011.

9) FAO (Food and Agriculture Organization of the United Nations): Global Forest Resource Assessment 2015. Desk Reference. Rome, Food and Agriculture Organization of the United Nations, 2015.

10) Gibbons, P., S. Briggs, D. Ayers, J. Seddon, S. Doyle, P. Cosier, C. McElhinny, V. Pelly and K. Roberts: An operational method to assess impacts of land clearing on terrestrial biodiversity. Ecological Indicators 9 (1): 26-40, 2009.

11) Gibbons, P., M. C. Evans, M. Maron, A. Gordon, D. Roux, A. Hase, D. B. Lindenmayer and H. P. Possingham: A Loss‐Gain Calculator for Biodiversity Offsets and the Circumstances in Which No Net Loss Is Feasible. Conservation Letters 9: 252-259, 2015.

12) Madsen, Becca, Nathaniel Carroll, Daniel Kandy, and Genevieve Bennett: Update: State of Biodiversity Markets. Washington, DC: Forest Trends, 2011.
URL: http://www.ecosystemmarketplace.com/reports/2011_update_sbdm.

13) Maron, M., J. W. Bull, M. C. Evans and A. Gordon: Locking in loss: Baselines of decline in Australian biodiversity offset policies. Biological Conservation, 2015.

14) Miller, K. L., J. A. Trezise, S. Kraus, K. Dripps, M. C. Evans, P. Gibbons, H. P. Possingham and M. Maron: The development of the Australian environmental offsets policy: From theory to practice. Environmental Conservation 42 (04): 306-314, 2015.

15) Mittermeier, R. A., P. Gill and C. G. Mittermeier: Megadiversity. Earth's Biologically Richest Nations. Mexico, Cemex, 1997.

16) Parkes, D., G. Newell and D. Cheal: Assessing the quality of native vegetation: habitat hectares'

approach. Ecological Management and Restoration (4)：S 29- S 38, 2003.

17) Pickett, E. J., M. P. Stockwell, D. S. Bower, J. I. Garnham, C. J. Pollard, J. Clulow and M. J. Mahony: Achieving no net loss in habitat offset of a threatened frog required high offset ratio and intensive monitoring. Biological Conservation 157: 156-162, 2013.

18) Quétier F., Lavorel S.: Assessing ecological equivalence in biodiversity offset schemes: Key issues and solutions. Biological Conservation 144（2011）2991–2999, 2011.

19) Woinarski, J. C., A. A. Burbidge and P. L. Harrison: Ongoing unraveling of a continental fauna: decline and extinction of Australian mammals since European settlement. Proceedings of the National Academy of Sciences 112（15）：4531-4540, 2015.

20) 伊東英幸・林希一郎・長谷川泰洋・大場真：オンサイトスケールの生物多様性評価手法の検討－名古屋市都市森林を対象としたHSI，HH，BBと森林環境指標による比較評価－，環境アセスメント学会要旨集，pp.98-102, 環境アセスメント学会第13回年次大会，千葉大学，千葉，2014.

21) 環境省：生物多様性オフセットについて．第6回環境影響評価法基本的事項等技術検討委員会H 231114_資料4-3. 2011, URL: http://www.env.go.jp/policy/assess/ 5 - 4 basic/basic_ h 23_6.html#shidai.

22) 環境省：環境影響評価法に基づく基本的事項，環境庁告示第八十七号（平成九年十二月十二日），最終改正：平成二十四年四月二日　環境省告示第六十三号, 2012.

23) 環境省総合環境政策局環境影響評価課：日本の環境影響評価における生物多様性オフセットの実施に向けて（案）環境省, 2014.

24) 太田貴大・伊東英幸・林希一郎・マルホトラ・カーテック：米国と豪州の生物多様性オフセット・バンキングシステムの比較，馬奈木俊介・地球環境戦略研究機関編『生物多様性の経済学』, pp260, 昭和堂, 2011.

25) 中央環境審議会：今後の環境影響評価制度の在り方について（答申）, 2010.
　　URL: https://www.env.go.jp/council/seisaku_kaigi/epc013/mat01_3.pdf.

注

1) Wildlands社の当該バンクの情報は以下のURLを参照。http://www.wildlandsinc.com/case_studies/liberty-island-conservation-bank-and-preserve/

2) 14.3.1～14.3.4まではギボンズ氏の原稿を共著者の林が翻訳したものである。

第15章　人類生態学

15.1　人口

「ヒト」は生物学的な種であり，「人間」あるいは「人類」は文明を持った存在である。人類生態学は野生生物の生態学と異なり，文明によって変形した生態系を対象とする。また生態学的知見によって文明のあり方を修正し，人間システムを持続可能に誘導することも，人類生態学の目的である。

　地球と生物の長い歴史（第1章）と比較して，*Homo*（ヒト）属の歴史（250万年）は500ppm，*sapiens*（ヒト）種すなわち現生人類の歴史（25万年）は50ppm，文明の歴史（1万年）はわずか2ppmである。そのわずかな期間に*Homo*属，なかでも*sapiens*種の個体数は爆発的に増加した。*Homo*属は道具（石器）を使いはじめ，狩猟の成功率を高めて消費効率（食物を収集する効率）が向上した。*sapiens*種および当時はまだ絶滅していなかった*Homo*属の他種も火を使いはじめ，食物を加熱調理することによって同化効率（摂取に対する消化吸収の効率）が向上した。*Homo*属は生体の機能的・形態的進化によらず，知能的進化によって純生産を拡大した初めての生物であると言える。また脳はエネルギー消費が大きな器官であり，摂取栄養の増加がさらなる脳の発達と知的進化をもたらしたとも言える。

　図15－1に，100万年前からの現生人類の人口変化を示す。人口は滑らかな増加ではなく，増加と飽和（停滞）の4回の波が見られる。第一の波は，狩猟採取の時代である。ヴュルム氷期（最終氷期；7万年～1万年前）には森林が衰退し，乾燥した草原が広がって大型哺乳類が多数生息していた。当時のヒトの食性は肉食の比重が高く，獲物を追って全世界に拡散し分布域を広げた。氷期には海面が

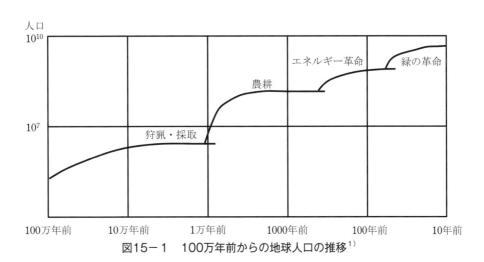

図15－1　100万年前からの地球人口の推移[1]

低下したため，ベーリング海峡が陸続きとなるなど，大陸間の移動が容易であったこともヒトの拡散を促進した。最終氷期の末期までに，ヒトは南極大陸を除く全大陸に拡散した。この時期の人口増加は，生息域拡大による。

第二の波は農耕の時代であり，ヒトが文明を得て人類となった時代でもある。最終氷期が終わって気候が温暖化すると，森林被覆が拡大した。マンモスなどの大型哺乳類が絶滅するとともに，植物性食物が豊富になったため，人類の食性は植物食に変化した。また野生の植物から食用に適した種を選抜し，人工的な生態系で生育させる技術が生まれた。農耕の開始である。栽培種を捕食する動物や競合する植物の排除（防除，除草），水と栄養塩の補給（かんがい，施肥），生産性の高い個体の選抜と再生産（品種改良）など，農耕技術の発展は人口の増加を支えた。

第三の波は，エネルギー革命である。化石エネルギーの利用が可能になると，畜力に頼っていた農耕と農地開発の大規模化が可能となった。また化石エネルギーによる電力と熱によって化学工業が興り，化学肥料の生産（特にハーバー・ボッシュ法による窒素固定）がはじまって農業生産が増加した。

第四の波は，緑の革命である。生物工学によって肥料感受性が高く薬品耐性が強い品種が開発され，化学肥料と農薬の大量使用を伴って面積当たりの穀物生産が急増した。このような人口増加の軌跡からは，環境容量による人口停滞の後，人類は四次にわたるイノベーションによって環境容量の壁を打破してきたと言える。現在，世界人口は70億を突破し，次の環境容量に漸近していると見られる。第五のイノベーションが到来するかは，予測不能である。

15.2 ヒトの栄養段階

15.2.1 ヒトの食性と栄養段階

ヒトの食性の特徴は，植物と動物の両方を食べる雑食性，多様な生物種を食物とする広食性である。狩猟採取時代のヒトは生息域内で得られる生物のみを捕食していたが，農耕・牧畜がはじまり，高度な漁法を用い，また食糧の国際貿易をおこなうことで食物の種類はさらに多様となった。ヒトの食物の食物連鎖上の地位と栄養段階を調べると，陸上生物では穀物など植物（生産者・栄養段階1），家畜や野生植食動物（第一次消費者・同2），キノコ（分解者），海洋生物では海草（生産者・栄養段階1），食植魚やウニ（第一次消費者・同2），肉食小型魚やクジラ（第二次消費者・同3），大型魚（高次消費者・同4以上），貝やカニ（分解者）などがある。

多様な生物種の栄養段階の平均値を，MTL（mean trophic level；平均栄養段階）という。食品供給カロリーを元に，ヒトの食物のMTLを求める。ここで摂取カロリーや食品構成は地域，文化，経済によって異なるため，国別に調査する[2]。品目ごとの栄養段階は，植物性食品が1，肉が2であり，魚は種類によって栄養段階が異なるが最近の世界の水揚げのMTLが約3.3であるので[3]，この値を採用する。また乳製品や卵は動物性食品だが動物の摂取カロリーの一部のみを利用しているため完全な栄養段階2とはいえず，カロリー変換効率（後述）から乳製品が1.4，卵が1.7とした。完全なベジタリアン（菜食主義者）の食物MTLは1となる。

日本人の食品供給カロリーは1人1日当たり2723kcalで，その内訳は植物から1830kcal，肉・卵・乳から739kcal，魚から154kcalである。食品別栄養段階を供給カロリーで荷重平均すると，日本人の食物のMTLは1.31となった。同様にして各国の食物MTLを調べると，高MTL国ではフィンランドが1.36，低MTL国ではインドが1.05となった。

以上のようにヒトの食物のMTLは1～1.4の間であるが，国別に最大30%程度異なる。食物MTLを供給カロリーに占める動物性食品の比率に対してプロットすると，非常に高い相関を示す（図15－2A）。日本人の食物MTLは回帰直線より上に離れており，動物性食品の比率に比べてMTLが高いといえる。これは日本人の動物性食品供給カロリーの内，肉よりも栄養段階が高い魚の比率が30%と高いことに起因する。

15.2.2 占有純一次生産

動物性食品を生産するためには，飼料が必要である。動物性食品1kgを生産するのに必要な飼料の量は，牛肉が11kg，豚肉が7kg，鶏肉が4kg，鶏卵が3kgである。飼料に対する食品のカロリー比であるカロリー変換効率を，表15－1に示す[4]。動物性食品のなかで，乳製品はカロリー変換効率が高く，牛肉は低い。食用家畜の食物連鎖上の栄養段階は2であるが，カロリー変換効率から換算すると，表15－1に示すように1.4～2.5の値となる。植物性食品の栄養段階は1であるので，同じカロリーを摂取するために動物性食品はより多くの植物生産（純一次生産）を必要とすることを意味する。そこで国別の供給カロリーCALと食物MTLを用いて，栄養供給に必要なカロリーベースの純一次生産（これを占有純一次生産と呼ぶこととする）NPP_oを求める。

$$NPP_o = \frac{CAL}{CE^{MTL}} \quad\quad\quad\quad\quad\quad\quad\quad\quad\quad\quad\quad\quad\quad\quad\quad\quad\quad (15.1)$$

CEは食物連鎖における栄養段階1の変換効率で，生産ピラミッドの一般的値である0.1とした（第2章参照）。1人1日あたり供給カロリーと占有純一次生産の関係を，図15－2B）に示す。占有純一次生産と供給カロリーは正の相関にあるがばらつきが大きく，また回帰式はやや下に凸な曲線である。このばらつきはMTLのばらつきに起因し，同程度の供給カロリーでも占有純一次生産には国により2倍程度の差がある。日本は回帰曲線より大きく上にはずれているが，これは日本人の食物MTLが高いためで，供給カロリーは比較的小さいのに占有純一次生産は中位となっている。

表15－1 動物性食品の変換効率と栄養段階[4]

	乳製品	卵	鶏肉	豚肉	牛肉
カロリー変換効率（%）	40	22	12	10	3
タンパク質変換効率（%）	43	35	40	10	5
食品の栄養段階	1.4	1.7	1.9	2.0	2.5

栄養段階1に対する変換効率を0.1とした

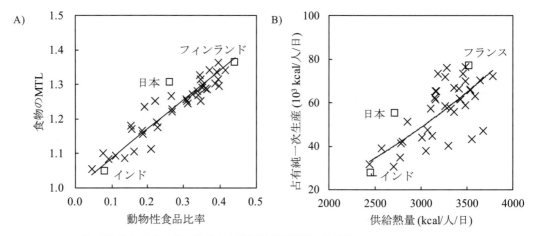

A）動物性食品カロリー比率と食物平均栄養段階（MTL）
B）一人当り供給熱量と一人当たり占有純一次生産。41か国（データ；総務省統計局[2]）

図15-2　国別食物供給消費特性と生態影響

　表15-2に，国別占有純一次生産の構成要素と関連する指標間の相関行列を示す。同種または近縁種の恒温動物では生息地の気温が低いほど個体サイズが大きくなるという一般則を，ベルクマンの法則（Bergmann's rule）と言う。これは体が大きいほど体重当たり体表面積が小さく，低温時の体温維持に有利なためと理解できる。また同化効率（摂取量当たり消化吸収量）と食物重量当たり発熱量の両面で，動物性食品の摂取は体温維持のためのエネルギーを要する寒冷環境において有利である。衣服・暖房による寒冷環境の緩和が可能な現代人では重要性は低下したとはいえ，表15-2に示された低い気温，大きな個体サイズ，大きな供給カロリー，高い動物性食品比率の相関関係は，生態学的一般則と矛盾しない。占有純一次生産は，供給熱量よりもMTLとの相関が高い。供給カロリーが同じなら，MTLが30％増加すると占有純一次生産は2倍になる。

　さらに表15-2によると，占有純一次生産，平均寿命，一人当たり国内総生産（GDP）の間には高い相関があるが，その因果関係の証明は難しい。動物性食品の摂取により病原抵抗性やストレス回

表15-2　国別占有純一次生産の構成要素および関連指標の相関行列

	1	2	3	4	5	6	7	8
1．一人当たり供給熱量	1.00							
2．動物性食品比率	0.52	1.00						
3．MTL	0.45	0.94	1.00					
4．占有純一次生産	0.71	0.93	0.94	1.00				
5．主要都市の年平均気温	−0.65	−0.68	−0.61	−0.71	1.00			
6．男性の平均身長	0.72	0.82	0.70	0.81	−0.79	1.00		
7．平均寿命	0.56	0.76	0.78	0.80	−0.58	0.71	1.00	
8．一人当たりGDP	0.53	0.76	0.73	0.79	−0.66	0.74	0.70	1.00

41か国（データ；総務省統計局[2]他）。全ての相関係数は，有意水準1％で有意

復力などは向上するが，生活習慣病など寿命に対する負の効果も否定できない．また経済的な発展による長寿命化の要因には，国民の栄養状態改善以外にも衛生・医療の向上が大きい．ここでは因果関係の議論はいったん措き，これらの相関関係を前提として将来を展望する．世界のGDPは，中長期的に増加傾向にある．経済発展が急な国では動物性食品比率が高まる傾向にあり，その結果として食品のMTLが上昇して占有純一次生産も増加してゆく．また経済発展とともに出生率が高いまま先に死亡率が低下し，長寿化とともに人口増加率が暫時上昇する．このようにGDP増加が駆動力（ドライバ）となり，MTL上昇と人口増加の帰結として，人間が占有する純一次生産は急速に拡大すると予測される．

15.3 エコロジカル・フットプリント

　占有純一次生産と同様に生物生産力を基準として，幅広い人間活動の環境負荷を評価する指標がエコロジカル・フットプリント（ecological footprint）である．エコロジカル・フットプリントは人間活動を支持するために必要な生態系面積を単位として表すため，より直感的に環境負荷の大きさを判断できる．エコロジカル・フットプリントは1990年代にマティース・ワケナゲル（Mathis Wackernagel）とウィリアム・リース（Wiliam Rees）が提案し，その後改良を加えられ，持続可能性指標のひとつとして普及している．

15.3.1　エコロジカル・フットプリントの定義と計算法

　多様な生態系機能のなかで，エコロジカル・フットプリントの計算法が確立している要素（土地利用）は，食糧を生産するための農耕地・牧草地・漁場面積，木質資源（木材，紙など）を生産するための森林地面積，人為起源二酸化炭素の吸収に必要な生態系面積（カーボン・フットプリント；carbon footprint），都市・荒廃地など生物生産できない面積（生産阻害地）である．

　エコロジカル・フットプリントの単位はgha（global hectare；グローバルヘクタール）で，これは物理的な面積単位のhaと同じ大きさである．その意味するところは，資源消費や汚染物質排出が地球の平均的生物生産力を持つ生態系を何ha占有しているかである．エコロジカル・フットプリントは，国別の消費量・排出量（t year^{-1}）をその国の生態系の資源生産力・浄化力（t ha^{-1} year^{-1}）で除して求める．このとき，資源生産から消費までの効率（歩留まり）を考慮すると，必要な資源生産は消費よりも大きな値となる．特に漁場のエコロジカル・フットプリントについては，資源の栄養段階によって重量当たり必要な純一次生産が異なるため，栄養段階1の変換効率を0.1として魚種ごとに必要資源生産への換算をおこなう．

　要素別国別の資源消費量から世界平均生物生産力を基礎とするグローバルヘクタールへの換算には，いくつかの換算係数が必要となる．収量係数（yield factor）はある国の資源生産力に対する世界平均の比率を表し，要素別国別に決められる．等価係数（equivalence factor）は要素（土地利用）ごとの資源生産力を調整する換算係数で，同じ土地でも用途によって資源生産力が異なることを反映し

ている。例えば，農耕地の等価係数は高く，森林は中位で，牧草地は低い。

15.3.2　エコロジカル・フットプリントの変化と日本の課題

図15-3に，要素別エコロジカル・フットプリントの世界合計の経年変化を示す[5]。平均生産力を持つ生態系の面積として表した生産力（または吸収力）をバイオキャパシティ（bio capacity）といい，エコロジカル・フットプリントと同じ単位（gha）を持つ。バイオキャパシティの総計は$11.4×10^9$ghaと見積もられており，これは物理的な地球表面積の約1／4である。図15-3の縦軸は，バイオキャパシティに対するエコロジカル・フットプリントの比率である。従って，世界のエコロジカル・フットプリントを合計したこの図は，世界の人間活動が何個の地球を必要としているかを示している。

世界のエコロジカル・フットプリントは増加を続けており，1970年ごろに地球一個分を突破し，現在は地球1.6個分の負荷を生態系に与えている。エコロジカル・フットプリントがバイオキャパシティを上回った状態を，オーバーシュート（overshoot）という。オーバーシュートは過大な消費が生産基盤である自然資本までを喰い潰している状態であり，生産力が次第に減少して資源利用が持続不可能に向かっていることを示している。

要素別にはカーボン・フットプリントの増加が著しく，現在は全エコロジカル・フットプリントの半分以上をカーボン・フットプリントが占めている。世界人口増加に伴って食糧消費は加速的に増加しているが，農耕地のエコロジカル・フットプリント増加はそれよりも緩やかである。これは高収量作物品種の開発や農薬・化学肥料の大量使用によって農耕地の生産力が向上したためであるが，このような栽培方法は土地劣化を加速して土地生産力を損ない，将来的にバイオキャパシティが低下する惧れがある。漁場のエコロジカル・フットプリントは世界の漁獲高の増加に伴って急速に増加しており，やはりオーバーシュートの状態にある。生産阻害地のエコロジカル・フットプリントも，世界で進行する都市化によって増加している。

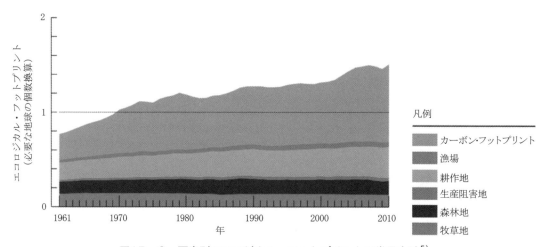

図15-3　要素別エコロジカル・フットプリントの世界合計[5]

エコロジカル・フットプリントを国際比較することで，各国の自然資本の持続可能性課題を発見し，改善目標の策定をおこなうための参考となる。2008年の日本の一人当たりエコロジカル・フットプリントは4.17ghaで，世界平均の約2倍であった[6]。合計は$532×10^6$ghaで，これは国土面積の14倍に相当する。内訳は二酸化炭素吸収地が64%と過半を占め，ついで耕作地が12%，漁場が9%であった。また漁場の一人当たりエコロジカル・フットプリントは世界平均の約4倍と高く，オーバーシュート率では牧草地がもっとも高かった。持続可能社会に向けた日本の課題を挙げると，二酸化炭素排出量の削減の他，食物消費効率（生産に対する摂取の比率）の改善（つまり食品ロスを減らす），栄養段階の低い水産資源へのシフト（つまり高級魚より大衆魚を食べる）などが挙げられる。

15.4 産業エコロジー

現在の産業システムは，枯渇性資源への依存と環境負荷によって持続可能ではない。産業エコロジー（industrial ecology）とは，自然生態系のメカニズムを模すことで産業システムを持続可能にリフォームする改革である。図15－4に，自然生態系と産業システムの構造を比較する。自然生態系は実質的に無限である太陽をエネルギー源とし，食物連鎖による物質代謝は完全に閉じたループを形成している。一方，産業システムは主として枯渇性の化石エネルギーに依存し，プロダクトチェーンによる物質代謝の終点は廃棄物の比率が高く，再資源化される物質は限定的である。しかし両システムの基本構造はよく似ており，自然のシステムをお手本に産業システムの構造を改革し，持続可能に近づけることは可能である。キーポイントは，製造業，消費者，静脈産業の有機的連携の構築にある。

高度に発達した産業エコロジーの例として，カルンボー市（デンマーク）の「産業共生システム」を図15－5に示す[7]。石油精製工場と火力発電所を核とし，石膏ボード工場，化学工場，肥料工場，さらにはカルンボー市（住宅）や周辺農地を連携し，物質，水，燃料，熱のネットワークが構築されている。

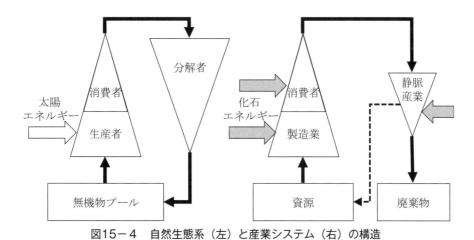

図15－4　自然生態系（左）と産業システム（右）の構造

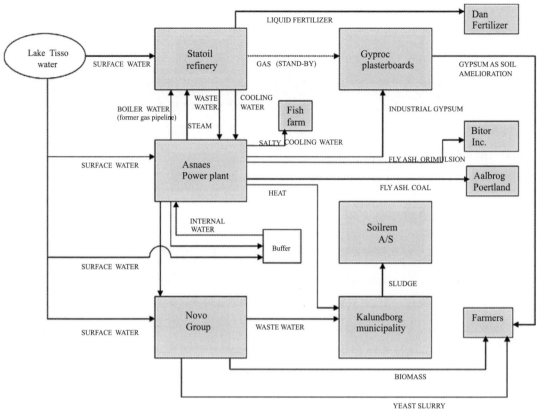

図15−5　カルンボー市（デンマーク）の「産業共生システム」[7]

15.5　自然共生社会へのビジョン

15.5.1　自然共生社会とは

　低炭素社会，循環型社会とならび，自然共生社会は日本のあるべき持続可能社会に向けたゴールのひとつである。政府によると自然共生社会の英訳は a society living in harmony with nature であるが，他のゴールと比較すると，その名称からは明確な定義や具体的なビジョンは想像できない。自然共生社会を理解するため，3つの視点を提示する。

　第一の視点は，生物多様性が社会に浸透し，それによってよく保全されることである。内閣府のアンケートによると，国民の生物多様性の認知度は低いだけでなく低下傾向にあり，社会に浸透してるとはいえない。原因の一端は，「生物多様性」という用語からは，それが環境問題・社会問題であり生物多様性の喪失が人間の福利の損失を引き起こすという認識に直結しないことであろう。「生物多様性問題」と言いかえるほうがよい。認知の次には，社会の価値判断と行動選択において，生物多様性をひとつの規範とすることが求められる。これを，生物多様性の主流化（mainstreaming of biodiversity）という。生物多様性喪失の主因である乱獲乱伐，生息地破壊・分断化・撹乱などは，現代社会の価値基準に生物多様性が含まれないことによってもたらされる。社会制度や企業及び個人の

行動規範に生物多様性が明確に位置づけられることで生物多様性喪失の根本原因が取り除かれ，よりよく保全することができる．

第二の視点は，地域の生態系サービスが十分に利用され，なおかつ持続可能であることである．バイオマス資源などの供給サービスを積極的に利用することは，低炭素社会や循環型社会の実現にも寄与する．しかし供給サービスの過剰利用（overuse）は生態系を劣化させ，持続可能なサービス利用を不可能にする．一方日本の里山や人工林で起きているように，過少利用（underuse）によっても生態系機能と生物多様性が劣化する．農地や森林の放棄は生態系サービスの輸入拡大と連動するため，他国における過剰利用を引き起こす場合もある．地域の生態系サービスの需要と供給のバランスを，適正に保つことが重要である．

第三の視点は，人と自然の関係の再構築である．産業革命以前の人間社会は，全面的に生態系サービスに依存していた．しかし産業化によって供給サービスや調整サービスが人工物に置換され，都市化によって人と自然が分断されると，自然への親しみ，畏敬，理解が失われてきた．前の2つの視点を強化するためにも，まず自然への興味，理解，自然に対する価値観の共有を取り戻す必要がある．また目には見えにくいが直接・間接に生態系サービスを与えてくれる自然に対し，その持続的利用のための正当なコストを負担することも必要である．これを，PES（payment for ecosystem services）という．水道料金に上乗せされて森林保全に支払われる水源税は，PESの一例である．野生生物は時として人間に害（負の生態系サービス）を及ぼすが，それぞれの種の生態系における地位と機能には未知の部分が多いため，徒に駆除すると思いがけない影響が発生することもある．人と自然の関係再構築とは両者が接近することではなく，開発と保全，利益と負担など，多様な価値観の調和を図った多元的な関与を模索することである．

15.5.2 生物多様性民間参画

生物多様性条約では，締約国が決議する国際目標（例えばCOP10で採択された愛知目標）に基づき，各国政府が生物多様性国家戦略と行動計画を作成・実行することを求めている．一方で，政府以外（すなわち民間）の主体が生物多様性に与える大きな影響と，問題解決に向けた能力を持つことを強調している．民間による生物多様性問題解決への関与を，生物多様性民間参画（private sector engagement in biodiversity）という．

資源開発，土地開発，汚染物質排出など，これまでは産業活動に伴う環境負荷によって生物多様性が大きく損なわれてきた．しかし風向が変わりつつある．先見性のある事業者は，生物多様性に配慮した企業活動が業績と企業価値を高めるビジネスチャンスであり，逆に無配慮は事業リスクとなることに気づき，企業経営に生物多様性対応を加えつつある．事業者の生物多様性対応の取組みとして，まず事業がどのような生態系サービスにどの程度依存するか，また生物多様性にどのような影響を及ぼすかを把握する．それをもとに持続可能な生態系サービスの利用と生物多様性への影響低減のための事業改善計画を策定し，これを着実に実行する．この際，改善の効果を検証し，計画を修正・進展

させる体制を整備することが重要である。さらに自社の事業だけでなく，仕入先や販売先などの関連事業者と協働して，サプライチェーンを通じた取組みへと拡大することが望ましい。

　市民も，生物多様性の取組みの重要な一員である。まず消費者として商品やサービスを選択することで，生物多様性の取組みに積極的な事業者を応援することができる。そのための判断材料として，エコラベリング（ecolabelling）がある。エコラベリングは，商品やサービスが環境，持続可能性などの要件を満たすかを第三者機関が審査し，基準に合格したものにラベルの表示を許可する制度で，それにより環境性が高い商品の差別化と普及を目指すものである。生物多様性に関係するエコラベリングとして，例えば木材や木製品には森林認証，水産物や水産加工品には漁業認証・養殖場認証がある。また個別の事業への共感から，取組みを支援する事例もある。兵庫県豊岡市のコウノトリや新潟県佐渡島のトキの野生復帰事業では，放鳥された個体のえさ場として，近隣の農家がボランティアで無農薬栽培や「冬水たんぼ」（冬季に落水しない田）を実践している。これらの農家から出荷される米は鳥をデザインしたパッケージで特別なブランドとして販売され，活動に共感する消費者が高い価格でも購入することで活動が支援されている。

　最後に，市民自身も生物多様性活動に参画できる。自然に親しむこと，自然学習やエコツーリズムへの参加，森林整備などのボランティア活動，地元の食材や木材の消費，ペット（特に外来種）の管理，ライフスタイルのプチリフォームなど，身近な小さな活動が小さな改善を生み，自然共生社会に近づいてゆくにちがいない。私たちの生活は，生態系とつながっている。

引用文献

1）大塚柳太郎・河辺俊雄・高坂宏一・渡辺知保・阿部卓：人類生態学（第2版），東京大学出版会，2012.

2）総務省統計局：世界の統計2016，2016.

3）Pauly, D., Watson, R., Alder, J.：Philosophical Transactions of the Royal Society of London B：Biological Sciences, Vol. 360, 5-12, 2005.

4）Cassidy, E. S., West, P. C., Gerber, J. S., Foley, J. A.：Environmental Research Letters, Vol. 8, 034015, 2013.

5）WWFジャパン：生きている地球レポート2014要約版，2014.

6）WWFジャパン：日本のエコロジカル・フットプリント2012，2012.

7）Jacobsen, N. B.：Journal of Industrial Ecology, Vol. 10, 239-255, 2006.

索引

【B】
BBOP; Business and Biodiversity Offsets Program 139,142
BOD; biochemical oxygen demand 25,31,61,66

【C】
CVM; contingent valuation method 130

【G】
GIS; geographical information system 68

【H】
HEP; habitat evaluation procedure 56,96
HSI; habitat suitability index................................98,145

【I】
IFIM; instream flow incremental methodology.........56
IUCN; International Union for Conservation of Nature..79

【P】
PES; payment for ecosystem services 157
PHABSIM; physical flow incremental methodology 56
PVA; population viability analysis..........................56,83

【T】
TEEB; the Economics of Ecosystems and Biodiversity..127

【ア】
アウト・オブ・カインド・オフセット out-of-kind offsets...142
青潮 blue tide..59
赤潮 red tide..27,59
アリー効果 Allee effect..35,82
安定性 stability..44
安定同位体比 stable isotope ratio 64,78

【イ】
硫黄の循環 sulfur cycle..22
異化 dissimilation...11,20
生きている地球指数 living planet index; LPI.............80
一次遷移 primary succession....................................43
遺伝子資源 genetic resources........................1,111,120
遺伝的多様性 genetic diversity 77
遺伝的変異 genetic variation 77
移動障壁 migration blocking.....................................106
嫌気呼吸 anaerobic respiration..............................11,20
インカインド・オフセット in-kind offsets............142

【エ】
栄養塩 nutrient.....................................12,31,55,109,150
栄養段階 trophic level 14,96,150
エコトーン ecotone...60
エコラベリング ecolabelling....................................158
エコロジカル・フットプリント ecological footprint 153
エネルギー革命 energy revolution 112,150
エネルギー効率 energy efficiency...........................114
エネルギー収支比 energy profit ratio; EPR............115
エネルギー変換 energy conversion........................112

【オ】
オープンアクセス化 open access..............................67
オープンデータ化 open data......................................67
温室効果 greenhouse effect 103
温室効果ガス greenhouse gas; GHG 27,48,89,103,130
温度躍層 thermocline..109

【カ】
カーボンニュートラル carbon neutral 21,112
カーボン・フットプリント carbon footprint.........153
回転時間 turnover time..12
回転速度 turnover rate..12
概念的枠組み conceptual framework 122
核 core...2

撹乱 disturbance 1,43,100,156
過剰利用 overuse.............................17,78,111,122,157
過少利用 underuse 122,157
カロリー変換効率 calorie conversion efficiency ...150
環境 DNA environmental DNA 64
環境アセスメント environmental impact assessment; EIA 89
環境影響評価法 Environmental Impact Assessment Act..90,145
環境形成作用 reaction....................................44,100
環境省レッドリスト MOE red list........................80,90
環境保全措置 environmental conservation measures 94
環境揺らぎ population fluctuation by environment 82
環境要素 environmental factors.................................89
環境容量 carrying capacity......................17,35,116,150

【キ】
気候変動 climate change.............55,79,103,112,122,180
基盤サービス supporting services 119
ギャップ gap 45
供給サービス provisioning services...111,119,127,157
共生 symbiosis 1,22,36,44,96,105
競争 competition 1,33,44,78,100
共有地（コモンズ）の悲劇 the tragedy of commons 118
極相 climax 44
極相種 climax species..45,100
ギルド guild 38,96
近交弱勢 inbreeding depression...............................82

【ク】
グローバルヘクタール global hectare; gha............153
クロノシークエンス法 chronosequence 45
群集 community 1,17,33,43,78,96,142

【コ】
計画段階配慮手続き primary environmental impact consideration in planning stage....................92
顕示選好法 revealed preferences 130
現存量 biomass 12,96,109

光合成 photosynthesis 4,11,22,48,57,66,107,112,120
更新 regeneration 47
高発熱量 high heat value; HHV 114
枯渇性 exhaustible...111,155
呼吸 respiration 4,11,21,62,108
国内総生産 gross domestic production; GDP........152
古細菌 archaea 3,19
個体群 population 17,33,44,77,92,105
個体群存続可能性分析 population viability analysis; PVA..56,83
個体数 population estimation 56,81,84,93,143,149
コンサベーションバンク conservation bank; CB 141
近自然工法 renaturalization 57
コンジョイント分析 conjoint analysis....................130

【サ】
最小生存可能個体数 minimum viable population; MVP...83
再生可能性 renewable...111
再生産曲線 repruduction curve 116
最大持続可能収穫量 maximum sustainable yield; MSY...117
産業エコロジー industrial ecology..........................155

【シ】
シアノバクテリア cyanobacteria...........................4,23
事業アセス assessment of project 90
資源密度 resource density..112
事後調査 follow-up survey 94
指数成長モデル exponential growth model; Malthusian growth model.............................35
自然共生社会 a society living in harmony with nature 156
自然資本プロトコル natural capital protocol.........136
死亡率 mortality rate....................................34,82,153
島の生物地理学 island biogeography.......................46
社会・生態システム socio-ecological systems 120
社会資本 social capital..121
収穫努力 fishing effort..117
従属栄養 heterotrophs 13,27
収率 yield 114
収量係数 yield factor 153

熟議型貨幣評価 deliberative monetary valuation; DMV..133
出生率 birth rate..33,82,153
種の多様性 species diversity........................6,77,122
純一次生産 net primary production; NPP.................12
純光合成 net photosynthesis.......................................12
消費者 consumers..14,22,150
除去実験 removal experiment....................................51
食物網 food web...13,38,64
食物連鎖 food chain..................4,11,44,56,95,109,150
人為的資産 anthropogenic assets............................123
真核生物 eukaryotes...3,11,19
人口学的揺らぎ demographic population fluctuation
....82
森林限界 forest line..7,106

【ス】

水源環境保全税 water source environment conservation tax..134
スーパープルーム super plumes.................................3
スクリーニング screening..90

【セ】

生活形 life form..6
生活史 life history...............................17,33,60,96,104
生産 production..11
生産ピラミッド production pyramid......................15
生食連鎖 grazing food chain......................................14
成層圏オゾン stratospheric ozone...............................4
生存曲線 survivorship curve.......................................34
生態学 ecology...1,19,35,119,149
生態系サービス ecosystem services
....44,75,79,100,111,119,127,157
生態系サービスへの支払い payment for ecosystem services; PES..130
生態系と生物多様性の経済学 the Economics of Ecosystems and Biodiversity; TEEB......................127
生態系ネットワーク ecological network..................60
生態系の多様性 ecosystem diversity.........................77
生態系モデル ecosystem model..................................61
生物季節 phenology...104
生物資源 biological resources...................................111

生物多様性 biodiversity
.................................23,44,57,75,77,89,107,120,139,156
生物多様性オフセット biodiversity offset............139
生物多様性及び生態系サービスに関する政府間プラットフォーム Intergovernmental Science-Policy Platform on Biodiversity and Ecosystem Services; IPBES...121
生物多様性条約 Convention on Biological Diversity
....77,127,157
生物多様性総合評価 Japan Biodiversity Outlook; JBO..121
生物多様性の主流化 mainstreaming of biodiversity
....156
生物多様性の保全と持続的利用 biodiversity conservation and sustainable ecosystem use 85
生物多様性ポテンシャルマップ biodiversity potential map; BDP..92
生物多様性民間参画 private sector engagement in biodiversity 157
生物ポンプ biological pump..............................58,109
世界測地系 world geodetic system; WGS.................69
絶滅確率 extinction probability.................................79
絶滅リスク extinction risk....................................56,80
遷移 succession...43,75,96
先駆種 pioneer species..45
占有純一次生産 occupied net primary production
....151
戦略的環境アセスメント strategic environmental assessment..90

【ソ】

総一次生産 gross primary production; GPP.............12
増加率 growth rate 33,83,116
総光合成 gross photosynthesis...................................12
相互作用 interaction....................1,33,44,60,78,96,121
ゾーネーション zonation..50

【タ】

代謝 metabolism 2,11,19,61,108,155
代償ミティゲーション compensatory mitigation program..140
大量絶滅 mass extinction...................................4,5,78

多自然川づくり creation of rivers endowed with diverse nature...57
炭素循環 carbon cycle..............................22,58,109

【チ】

地殻 crust..2,29,69
窒素循環 nitrogen cycle.......................................27
窒素制限 nitrogen restricted 58
超学際的なアプローチ transdisciplinary approach 125
長期モニタリング long-term monitoring..................51
調整サービス regulating servies 119,129,157
地理情報システム geographical information system; GIS..68

【テ】

定着促進効果 facilitation................................51,99
低発熱量 low heat value; LHV 114
定量的評価手法 quantitative assessment method ...99
データベース databese 67

【ト】

同化 assimilation...11,19,58,109
等価係数 equivalence factor 153
独立栄養 autotrophs...................................4,13,23
トラベルコスト法 travel cost method......................130

【ナ】

ナースプラント nurse plant 50,99
内的自然増加率 intrinsic natural growth rate ...35,116

【ニ】

二酸化炭素施肥効果 carbon dioxide fertilization effect..108
二次生産 secondary production..............................15
二次遷移 secondary succession...........................43
ニッチ niche..38,78
日本の里山・里海評価 Japan Satoyama Satoumi Assessment; JSSA..120

【ネ】

ネットゲイン net-gain..139

【ノ】

農耕 agriculture...150
ノーネットロス no-net-loss 94,139

【ハ】

バイオーム biome.......................................1,12,105
バイオキャパシティ bio capacity 154
バイオマスエネルギー biomass energy 112
配慮書手続き procedure for the document on primary environmental impact consideration...........90
白化現象 bleaching...107
バクテリア bacteria..3
発酵 fermentation..20
発熱量 heat value..114
ハビタット babitat...55,97,143

【ヒ】

ハビタット・ヘクタール法 habitat hectares..........143
費用便益分析 cost benefit analysis...................127
表明選好法 stated preferances.............................130
非利用価値 non-use value 128

【フ】

フィードバック feedbacks 48,108
富栄養化 eutrophication 27,59,66
復元性 resilience..44
腐食連鎖 detritus food chain 15
物質循環 material cycle..............................12,19,55,75
プレートテクトニクス plate tectonics........................3
分解者 decomposers...............................15,22,150
文化的サービス cultural services.....................119,129

【ヘ】

平均栄養段階 mean trophic level; MTL..................150
ベスト・ワースト・スケーリング best-worst scaling; BWS..133
ヘドニック法 hedonic pricing method 130
ベルクマンの法則 Bergmann's rule....................152
便益移転 benefit transfer 136
変換効率 transform efficiency..................................11

【ホ】

方法書手続き procedure for the draft of the

assessment method 90

【マ】

マグマオーシャン magma ocean 2
マントル mantle 2
マントル対流 mantle convection 3

【ミ】

水循環 water cycle 55,111,120
密度効果 density effect 35,82,112
ミティゲーション mitigation 98
ミティゲーション・ヒエラルキー mitigation hierarchy 139
ミティゲーション・バンク mitigation bank; MB 141
緑の革命 green revolution 150
ミレニアム生態系評価 Millennium Ecosystem Assessment; MA 77,119

【メ】

メタデータ metadata 67

【ユ】

有効発熱量 effective heat value 114
溶解ポンプ solution pump 109
好気呼吸 aerobic respiration 11,20

【ラ】

ライク・フォー・ライク like for like 142
ライフサイクルアセスメント life cycle assessment; LCA 114

【リ】

利用価値 use value 111,128
リン制限 phosphorus restricted 58
リンの循環 phosphorus cycle 27
齢 age 33

【レ】

レッドフィールド比 Redfield ratio 58
レッドリスト red list 79
レッドリスト指数 red list index; RLI 80

【ロ】

ロジスティック成長モデル logistic growth model 35,82,116
ロトカ・ボルテラ競争系モデル Lotka-Volterra competition model 36
ロトカ・ボルテラ捕食系モデル Lotka-Volterra predator-prey model 39

◆著者紹介◆

町村 尚（まちむら たかし）（1章、2章、4章、8章、10章、11章、15章）
大阪大学大学院工学研究科　環境・エネルギー工学専攻　准教授

惣田 訓（そうだ さとし）（3章）
立命館大学理工学部　環境システム工学科　教授

露崎 史朗（つゆざき しろう）（5章、9章）
北海道大学大学院地球環境科学研究院・統合環境科学部門　教授

西田 修三（にしだ しゅうぞう）（6章）
大阪大学大学院工学研究科　地球総合工学専攻　教授

大場 真（おおば まこと）（7章）
国立研究開発法人国立環境研究所　福島支部　主任研究員

岸本 亨（きしもと とおる）（8章、9章）
つくば国際大学医療保健学部　教授

齊藤 修（さいとう おさむ）（12章）
国際連合大学　サステイナビリティ高等研究所　学術研究官

吉田 謙太郎（よしだ けんたろう）（13章）
長崎大学大学院水産・環境科学総合研究科　環境科学領域　教授

林 希一郎（はやし きいちろう）（14章）
名古屋大学未来材料・システム研究所　教授

Philip Gibbons（フィリップ・ギボンズ）（14章）
Associate Professor, Fenner School of Environment and Society, The Australian National University

松井 孝典（まつい たかのり）（15章）
大阪大学大学院工学研究科　環境・エネルギー工学専攻　助教

工学生のための基礎生態学

2017年7月18日　初版発行

著　者　町村　尚　惣田　訓
　　　　露崎史朗　西田修三
　　　　大場　真　岸本　亨
　　　　齊藤　修　吉田謙太郎
　　　　林希一郎　Philip Gibbons
　　　　松井孝典

発行者　柴　山　斐呂子

発行所　理工図書株式会社

〒102-0082　東京都千代田区一番町27-2
電話03（3230）0221（代表）
FAX03（3262）8247
振替口座　00180-3-36087番
http://www.rikohtosyo.co.jp

Ⓒ町村尚　2017　Printed in Japan
ISBN978-4-8446-0864-6
印刷・製本　丸井工文社

〈日本複製権センター委託出版物〉
＊本書を無断で複写複製（コピー）することは、著作権法上の例外を除き、禁じられています。本書をコピーされる場合は、事前に日本複製権センター（電話：03-3401-2382）の許諾を受けてください。
＊本書のコピー、スキャン、デジタル化等の無断複製は著作権法上の例外を除き禁じられています。本書を代行業者等の第三者に依頼してスキャンやデジタル化することは、たとえ個人や家庭内の利用でも著作権法違反です。

★自然科学書協会会員★工学書協会会員★土木・建築書協会会員